女性旅行安全
超实用指南

七月娃娃◎编著

knowledge of safety

U0246976

poetry and future

SPM 南方传媒 | 广东经济出版社

·广州·

图书在版编目（ＣＩＰ）数据

女性旅行安全超实用指南/七月娃娃编著. —广州：广东经济
出版社，2023.8
ISBN 978-7-5454-6680-5

Ⅰ.①女… Ⅱ.①七… Ⅲ.①女性－旅游－安全教育－指南
Ⅳ.①X956-62

中国版本图书馆CIP数据核字（2019）第054955号

责任编辑：赵　娜　于明慧
责任校对：李玉娴
责任技编：陆俊帆
封面设计：李尘工作室

女性旅行安全超实用指南
NVXING LVXING ANQUAN CHAO SHIYONG ZHINAN

出版发行：广东经济出版社（广州市水荫路11号11～12楼）
印　　刷：广东鹏腾宇文化创新有限公司
　　　　　　（珠海市高新区唐家湾镇科技九路88号10栋）

开　本：889mm×1240mm　1/32		**印　张：**5.5	
版　次：2023年8月第1版		**印　次：**2023年8月第1次	
书　号：ISBN 978-7-5454-6680-5		**字　数：**120千字	
定　价：39.80元			

发行电话：（020）87393830
广东经济出版社常年法律顾问：胡志海律师
如发现印装质量问题，请与本社联系，本社负责调换

目录

第一章
四季旅行安全攻略

第二章
目的地旅行安全攻略

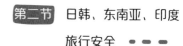

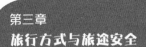

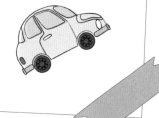

第一章

四季旅行安全攻略

我们常常把旅行和生活分开，觉得前者是诗和远方，后者是眼前的苟且。其实不然，生活涵盖了人生的全部，旅行只是我们生活的另一种方式的呈现。所以，我们可以将日常生活的常识运用到旅行生活中。生活有四季，人生有春秋，旅途亦然。

第一节 旅途中的健康与卫生

旅途安全，首要的自然是健康与卫生。健康是一切生活的前提，有了健康，才有"留得青山在"的资本。对于大多数人来说，周末或节假日旅行是放松身心、释放压力的一种有效的娱乐方式。出门在外肯定不如在家方便，长途旅行的奔波劳累、衣食住行的不规律、对陌生环境的不适应……这些都有可能给我们的身体带来负担和意外，从而影响旅途结束后的生活和工作，特别是女性旅者，身体结构、情绪和心理以及抗压能力会产生差异。健康是一段旅途顺利的最重要的因素。所以，如何实现快快乐乐游山水、健健康康度长假是旅行首要面对的问题。在古代，人们就已经意识到它的重要性了。

唐代医学家孙思邈在他的著作《备急千金要方》里提到，旅行需携带熟艾1升，并备足避毒蛇、蜂、蝎的药等；明代医药学家李时珍也在《本草纲目》里提到，如果早上爬山，最好口含生姜，这样可以去除早晨山雾中的湿气和邪气。

清代养生学家石成金在《长生秘诀》里写有"行旅调摄"专节，对旅途中的衣食住行有专门的叙述。他提到：出外去到他乡，先买当地的青菜和豆腐吃，看看有没有水土不服；为了身体抵抗力不在旅途中被削弱，外出的时候早晨最好吃饱，不能空腹上路；如果是乘船，吃食不便，则要携带六味地黄丸，不管春夏秋冬，温水服下；如果去到一些久无人居住的旅馆，或者在途中被雨淋湿，要用苍术烧烟熏一下，以避免霉味恶臭；如果被冻坏，到达住处先用温火烘热双手并反复揉擦，让血脉回阳，再用热汤洗……

　　古代科学不发达，交通也不发达，出远门在人生中难得几次，很多人的旅途甚至是有去无回的，所以老百姓会把出远门当作人生大事看待。那个时候，旅行不能被随意称为一种生活方式，应该算是一种人生选择。古为今用，古代的很多经验值得我们借鉴。如今科学发达，给我们的旅行带来很多方便，不管是商务出行还是休闲旅行，各种应对方案层出不穷。

一、旅途中的饮食安全

　　"病从口入"，不管是日常生活还是旅行生活，保持健康，最重要的就是管住嘴巴。在外吃东西肯定不如家里讲究，但也不能马虎。

旅行中如何吃水果？

水果一定要洗净和削皮，水果的皮会有农药残留和细菌残留，如果没有削皮的条件，可以用温开水浸泡之后再入口。我的经验是随身携带去果皮的工具，刀具会被机场没收，但可以携带一些简易的折叠去果皮的工具。也可以在当地购买去果皮的刀具，或者在旅途中选择可以手动去皮的水果来食用。

1. 关于一日三餐

一日三餐最好能在可以信任的餐厅解决，比如酒店的餐厅或城市里的中高档餐厅。大排档的卫生堪忧，如果非要在大排档解决，可以自带餐具。我的经验是随时携带酒精消毒湿巾，这个能在网上买到，用途非常广泛，还可以用来擦拭屏幕和镜片。在路边餐馆吃饭，可以跟店主要一小壶开水，用来洗刷碗筷，虽然这样的做法通常被认为是广东人吃饭的一道多余的程序，科学也并没有证实这样能有效杀菌，但作用肯定是有的，至少可以去除洗洁精的残留。有媒体曾报道过一些中高档餐厅员工靴子与碗筷同洗的新闻，让人对外出就餐的卫生更加担忧，而旅途中的三餐都必须在外解决，卫生问题尤为严重。另外，如果是参与团队旅行，分餐制或使用公筷可以预防幽门螺杆菌，应该在旅途中大力提倡。

如何鉴别餐馆的卫生？

鉴别餐馆的卫生是否合格，有卫生许可证是首要条件。此外，我们还可以通过肉眼观察，可以借上洗手间的机会偷偷观察厨房的运作情况，现在大多数餐厅的厨房都会采取开放式装修，可观察厨房工作人员是否戴帽子戴口罩、水质是否干净、有无蚊虫、食品的原料是否新鲜等。《海峡导报》曾报道过某江浙连锁大牌餐厅的厨师用脚踩案板、蔬菜不洗就下锅等情况，让人触目惊心。很多饭店提供打包好的消毒碗具，我们在使用之前一定要观察外包装是否有消毒日期以及碗具是否仍有油渍，尽量用开水烫过再使用。如带孩子出行，尽量给孩子随身携带餐具，除了保证卫生，还能避免孩子摔烂餐馆的餐具。

2. 关于喝水

喝水是一个比吃饭更重要的问题。肠胃不好的人，最好随身携带保温杯，这样可以在车站接温开水饮用。在外喝水最好选择合格的瓶装饮用水，自来水必须煮开再喝。如果对酒店或旅馆的热水壶不放心，那就随身携带热水壶。现在有一种热水壶，非常容易携带，可以用来热牛奶，特别是早晨的时候可以把饮用水稍微暖一下再喝，能起到润肠的作用。平时有喝茶、喝咖啡习惯的朋友，最好在旅途中也保持这个习惯，尽量减少旅途生活与平时生活的差异。很多人在一个地方水土不服都是因为水质，去到一个陌生的地方尽量使用纯净水、瓶装水，千万不能生饮山泉水、深井水、河水、池塘水和湖水。

3. 关于吃零食

关于吃零食，个人觉得旅途中要按时吃三餐，如果行程紧张，可以带上面包。旅途生活跟平时生活毕竟有区别，吃得尽量简单、规律，才能保证身体负担不那么大，旅途才会更加轻松。很多女性朋友在旅途中经常出现便秘的问题，除了因环境改变而造成的生理规律的紊乱外，很大原因跟吃有关。在旅途中更应该吃得规律，保证一日三餐，减少零食的摄取，不要因为怕上厕所而减少喝水的频率。肠胃顺畅，整个人的气色才会好，在旅途中才能保持更多的活力。

旅途中健康饮食的建议

☑ 在携带的小药箱里，一定要备好肠胃药，以备不时之需。

☑ 在乘坐交通工具之前最好不要吃得过饱，特别是乘坐飞机，气压的变化会导致胃胀气和呕吐，乘坐汽车和轮船就更不用说了。

☑ 要携带容易消化的食物，旅途中胃功能会比平时更弱，吃清淡和易消化的食物可以减少胃的负担。

二、旅途中的交通安全

　　频发的交通事故让人们对旅途中的交通安全保持高度关注。我国是世界上交通事故死亡率较高的国家，近年来国际上的交通事故也时常发生，中国公民在国外遇车祸身亡的新闻频繁播报，所以出行的交通安全成为旅行必须考虑的安全因素之一。交通安全业界专家学者对交通事故的起因进行研究后发现，由人的不佳生理及心理状态、不良习惯、不安全行为等因素引发的交通事故，占据大部分，这些原因往往直接导致交通事故的发生。车辆的机械运行状态、道路交通工程的安全措施、气候环境的情况等，也是引发交通事故的因素。而由上述因素引起的交通事故，很多是可以采取主动防控措施去避免的。

　　一趟旅行选择什么样的交通工具，跟很多因素有关。大多数情况下，一趟旅行使用的交通工具往往不止一种。很多时候，我们会根据自己的喜好来选择交通工具，但有时候又身不由己，比如出国旅行，在交通方面自然绕不开长途飞行。所以，我们不妨先比较一下各种交通工具的优劣。女性外出选择交通工具更要谨慎。

1. 飞机

　　飞机的优点是速度快、安全系数高。在大多数旅行中，我们不得不依赖于飞机，飞机的

速度给旅行提供了便利，特别是出国旅行。

与其他交通工具相比，飞机有如下缺点：一是飞机的票价一般较高，尤其是国外旅行的机票还要支付更多的税费，令很多打算穷游的朋友都放弃了乘坐飞机。二是飞机的目的地有限（只能去到有机场的城市，有很多偏远的地方没有机场），对行李的限制较多，机场普遍远离市区，下了飞机还要倒车比较麻烦，很多人会因此选择其他交通工具。三是乘坐飞机对一些有疾病的人也有限制，气压变化造成的各种不适还会给无法自我调节的婴幼儿带来困扰，所以经常会出现婴幼儿在飞机上大哭的状况。

另外，因航空管制或天气情况造成飞机航班不准点的情况比较频繁，所以乘坐飞机常常要做好航班延误的准备，严重的情况下甚至要取消行程，耽误整趟旅行。

2. 火车

火车的优点是票价比较实惠，车次固定，出发与抵达的时间比较准，安全系数相对较高，只要不碰到特别灾难性的天气，一般都能照常运行。缺点是速度一般，虽然现在高铁普及了，但往往飞机用两个小时能抵达的目的地，乘坐高铁仍然要四个小时以上。以往我们提到坐火车，大家想到的都是那种绿皮火车或者普通旅客快车、特别快速旅客列车，下意识就认为要面临长时间的路途，如以前需要坐卧铺。现在随着高铁的普及，国内大多数城市都已经通路了，而且站点较多，很多小城市亦设有高铁站。个人认为火车的舒适度要比飞机高一些，至少没有那么局促，没有起飞和降落的限制。再加上火车行驶平稳，可以在车厢里面自由走动，特别适合不赶时间的游客，也适合老年人和婴幼儿长途旅行，有喝茶习惯的朋友甚至可以在高铁上泡茶。

3. 汽车

汽车最大的优点就是灵活，发车时间随意且频次较高，几乎没有时间限制，是短距离旅行的最好选择。缺点是速度较慢，安全系数不够高，受道路和天气影响比较大。很多飞机和火车无法到达的地方，汽车却能到达。所以，小城市或县城之间的汽车客运站发挥了很大作用。现在很多年轻人出行或家庭出行都会选择小汽车，小汽车在所有交通方式中是自由度最高的，只要有路，想去哪里就去哪里。但自驾游也考验驾驶员的驾驶水平和技巧、对道路的判断以及对自驾路线的安排等，在后面的篇章中，我会专门介绍自驾游的注意事项。自驾游还需要考虑停车、汽车保养以及加油等问题，尤其是节假日，由于高速路是免费通行的，大多数家庭自驾出游，高峰期会出现拥堵的情况，影响旅行质量和时间安排。

4. 轮船

轮船的优点是价格低，缺点是速度非常慢，安全系数低，也受季节的影响。提到轮船，我们会觉得这是一种比较"怀旧"的交通工具。目前已经很少有人把轮船作为交通方式来看待，于是轮船衍生成了游轮，人们把在船上漫长的时间当成一种旅行生活。

在游轮上，生活设施一应俱全，甚至达到了豪华的标准，人们把抵达目的地的过程放长放慢，重点在于享受。可以站在甲板上，看着蔚蓝的大海，吃着美味的食物喝着美酒，但这种方式适合时间比较充裕的人，所以很多游轮的目标群体往往是退休后的老人，毕竟这是一种看起来"浪费时间"的慢旅行，享受的就是在路上的趣味。

在选择交通工具上，最重要的一点就是时间的安排。如果时间比较充足，可以选择比较经济实惠的交通工具；如果时间比较紧张，自然需要选择方便快捷的交通工具。

有时候因为地点的不同，我们可选择的交通工具也不同。比如目的地较远，自然以飞机、高铁为主；如果是短距离旅行，我们就可以选择自驾游。

交通工具也可以根据出行的人数来做出选择。比如：全家出行选择自驾游更方便自由；情侣到国外度蜜月，飞机肯定是首选。不同的人喜欢不同的交通工具。比如有的人喜欢轮船，旅途中可以欣赏大海的美景；有的人喜欢飞机，更愿意在空中行走。选择交通工具，很重要的一点，是我们需要根据自身的经济实力做出选择，往往提前订好往返票是比较经济实惠的。我们还可以根据旅行的理由做出相应的选择，有的人想纯粹感受别处的风景，有的人想通过体验旅途的艰难来达到修行的目的。

此外，选择交通工具，也要考虑我们个人的日常生活习惯，要按自己的节奏来。

 如何缓解长途飞行的疲惫？

经常乘坐飞机的人都知道，长途飞行的过程是非常痛苦难熬的。超过三个小时的飞行，会让人坐立不安。美好的旅程不能因为长时间的飞行而大打折扣。那么如何缓解乘机时的不适？以乘坐飞机的经济舱为例，给长途飞行的人支招。

首先，乘坐飞机前可以携带以下物品。

☑ 头枕。头枕对于长途飞行中需要坐着睡觉的人来说太重要了。现在旅行用品市场上有很多头枕选择，方便携带的如充气头枕，而实心的头枕会更舒适一些，有些商家还根据人的肩颈结构对头枕进行了设计，这种头枕的价格就相对贵一些。

☑ 外套或披肩。不管春夏秋冬，长途飞行都要随身携带一件外套或者披肩（因为飞机上的毛毯很难保证是经过清洁消毒的）。尤其是夏天，飞机起飞后，机舱内的空调冷气很足，可披上一件外套，以免受冻。飞行前，尽量穿舒适宽松的衣裤，在夏天最好也穿着长裤。

☑ 拖鞋。长时间保持同一坐姿会导致血液不能很好地流通，飞行时气压会让双脚稍有肿胀，脚被束缚在鞋子里会加重血液的不流通，带上一双一次性拖鞋，可以解放双脚，下飞机前将其丢弃即可。

☑ 蒸汽眼罩、面膜。机舱内比较干燥，蒸汽眼罩和面膜能更好地帮助我们进入睡眠状态，也能保持皮肤的滋润，一举两得，是爱美女性不可或缺的法宝。

☑ 褪黑素。有些人会因为旅行的兴奋或者在机舱狭小的空间内无法入眠，这是很糟糕的事情。褪黑素是倒时差利器，要在准备睡觉之前半小时服用。

此外，巧妙利用飞机上的设施和物品，同样可以提升我们飞行途中的舒适度，缓解疲惫，为下飞机后的行程储存能量。

☑ 关于上厕所。不要担心因喝水过多而频繁地上厕所，在飞机上就应该多喝水以缓解干燥，而且常去厕所还可以缓解旅途疲劳。通常情况下，用餐的时候上厕所的人会减少。偶尔花点时间排队，顺便舒展一下筋骨也不错。

☑ 关于飞机上的睡姿。在飞机上睡觉肯定不能像在家一样舒适，那么有没有可以缓解不适的办法呢？可以把腿伸到前方座椅下面，伸直腿，放松脚、膝盖和腿部肌肉，在脚下垫一个书包或脱下来的鞋子，会有意想不到的舒缓效果。另外，可以将座椅靠背调得比旁边的座椅靠背更倾斜一些，两个靠背之间形成高度差，这样可以更好地固定头的位置。小头枕不只适合垫腰，如果坐在靠窗位置的话，也适合垫在侧面墙与身体接触的地方。

三、旅途中的住宿安全

旅行过程中，选择酒店也是一个千古难题，对于大多数人来说，除了交通，最难解决的就是住的问题。如果经济条件允许，尽量选择星级酒店，不只是卫生和服务有保障，最重要的是安全有保障；如果经济条件不允许，也要考虑酒店的安全系数。一般情况下，挂牌营业的酒店在安全上都会有保障，但是不排除一些酒店之外的不安全状况，比如酒店所在区域的治安、素质偏低的住客等。带孩子出行或家庭出行最好选择有保障的、舒适的酒店，女性独自出行可考虑青年旅馆或者经济型酒店，但独自旅行的时候最好不要跟陌生人混住，目前青年旅馆也提供单间，选择很多。

酒店的价格通常会受市场需求的影响而产生波动，如淡季和旺季、周末和工作日，还有最难订到酒店的黄金周和小黄金周假期。所以如果是全家出行，要做好住宿预算，提前预订酒店。

1. 五星级酒店

对于通过度假来放松身心的人来说，五星级酒店是一个好选择。很多人度假其实就是泡在酒店里，比如去东南亚地区旅行，很多五星级酒店本身就是一片景区，酒店的各种服务让度假的游客身心得到了放松。

2. 连锁精品酒店

对于商务旅行人士来说，可选择连锁精品酒店。连锁精品酒店的管理比较统一规范，各个城市的价位也相差不大，而且现在连锁精品酒店的档次也有高低，会员可以享受不同级别的订房优惠。酒店里面的办公设施也一应俱全。更关键的是，连锁精品酒店一般都会靠近商业区和地铁站，对于有工作任务在身的人来说无疑是便利的。

3. 青年旅馆

对于青年旅馆的选择，因人而异。现在，青年旅馆的房型发生了变化，不是以前那种大通铺，旅客可以选择多人间，也可以像在其他酒店那样，选择单人间或双人标间。我个人倾向青年旅馆，一般出行都会选择单人间，价格优惠，环境温馨，且能交到许多志同道合的朋友，这对于独自旅行的人最为实用。

4. 民宿

现在很流行住民宿，民宿已经不是以前简单意义上的民宿了。很多民宿不但具备酒店的各种设施和功能，而且运营方式也是按酒店的标准来制定的，如入住旅客的资料会跟当地派出所直接挂钩，所以很多人出门度假会首选民宿，这跟每个人对旅行定义的不同有很大关系。

民宿的特色在于亲切、温馨，且装修各有风格，很多民宿也很讲究美学，给旅行的人增加了对生活审美的认知。但民宿也有缺点，比如交通不是很便利，有些民宿开在山村里，抵达那里并不是那么容易，而城市里的民宿则大多数隐藏在巷子里，有时候开导航都未必能找到；一些民宿本身管理不规范，存在许多安全隐患，包括房间的卫生状况、消防状况、硬件设施等。很多民宿只安排一个管家全天管理，在服务上稍微欠缺，但自由度却大了许多。

对于选择在城市居住还是在景区附近居住，个人的感触就是，如果是自驾出行，尽量选择市区的酒店，这样比较有保障，我们可以根据时间计划每天去周边不同的地方，当日可往返。对于非常挑剔睡眠环境的人来说，不用每天更换住处也能获得安全感。如果是采用公共交通方式出行，就尽量住到景区附近，这样可以节省时间和避免交通带来的不便。

如何保障住宿安全?

为了保证旅行中的住宿安全，除了在选择酒店上须用心外，住酒店时也要保持较高的警惕。

☑ 同样是市区的酒店，尽量选择闹市区的连锁酒店或宾馆，周围有大型商场、餐厅、咖啡馆等，这些地方营业时间长，人员流动比较频繁，可以避免犯罪分子乘虚而入。

☑ 在酒店办理入住时不要大声说出自己的房号。

☑ 如果可以选择，不选一楼的房间，但也不是越高的楼层就越好，除非是大型的星级酒店，在消防上有比较可靠的保障，否则还是选择位于2~7层的房间，遇到紧急情况便于逃生。

☑ 进房间的时候不要太着急，进房间前可在走廊观察一下出口所在之处，以防火灾发生时找不到逃生方向。

☑ 进入房间后，仔细检查一下是否有侵犯隐私的摄像头，窗户是否能锁上。

☑ 在没有确定敲门人的身份时，不要轻易开门，无论是房间服务还是保安，先打电话向前台询问是否属实。

☑ 乘坐电梯时，发现有可疑的男人，不要单独和他乘坐电梯。

☑ 出门随身携带酒店的名片，特别是在国外旅行的时候，非常有用。

住宿这个问题可能对于男性来说是一件非常随意的事情，只要有个栖息之地便可，但对于女性来说，住宿事关重大，因为这涉及个人隐私和人身安全。有媒体曾经报道过一些私人旅馆的老板或者一些有目的性的住客在房间里安装摄像头，而且安装得非常隐秘。为了保护隐私，进入房间后一定要锁好门，并尽量拉上窗帘，可在夜晚的时候关上灯并打开手机的相机，查看一下房间内是否有红色闪光点或不明来源的光源。另外，一定要把门锁反扣，这是进入房间后首先要做的事情。

关于住宿安全，后面还会根据不同内容分享相关细节。

四、关于旅游保险

很多旅行者一般都抱着侥幸心理去节省那不多的保险费，其实不管是对于长期旅行在外的职业旅行者，还是偶尔出差或度假的普通旅行者，旅游保险都是一个出行的保障，保险的作用在于让人更放心和安心。天有不测之风云，不怕一万，只怕万一，做好保障，是对自己和亲人的一种责任和关爱。旅行途中潜伏的危险很多，比日常生活要多许多，陌生的环境会让人在判断上产生误区，从而发生一些或大或小的意外，所以在出行之前可以考虑购买一些针对性较强的保险。

既然买保险这么重要，那我们也要了解一下购买保险的方式和一些需要注意的事项。现在很多保险公司都提供比较完善的旅游保险，包括航空险、意外险，还有专门针对境外旅行的保险类别。说到旅游保险，我们还要了解一下具体哪些事故是保险涉及的。

（1）感染疾病或遭受意外。受保人发生意外或病重，保险公司会提供紧急医疗服务或运送服务；倘若受保人身故，保险公司则会负责运送遗体返回居住地。另外，如乘坐交通工具发生严重意外可获得双倍赔偿等。

（2）钱财损毁或被盗，包括现金、当地货币、旅行支票和相关证件等损失。

（3）行李延误送达或丢失，以及出行遇到恶劣天气、机械故障等造成的行程延误等。

不同的公司有不同的保障。对于户外旅行爱好者来说，买保险尤为重要。

买保险的时候一定要看清楚保险合同，特别是保障范围和免责条款等，以免出现纠纷。

1. 保障范围

有些高风险的探险旅游项目是不在理赔范围内的，这些高风险的项目在保险合同里也有明确的规定，比如潜水深度不能超过18米、登山海拔不超过6000米等。

2. 保险额度

保险额度不一定是越高越好，最重要的是能满足需求。保险额度可根据旅行目的地来选择，比如：在国内旅行，安全系数高的度假或城市旅行，保险额度可以不用太高；去国外旅行，不熟悉环境或者行程具有探险性质，就要考虑高额保险。我个人的经验是一定要买航空保险，特别是去一些天气变化莫测的地方，经常会遇到航班延误的情况，购买航空保险可以在遇到这种状况时得到相应的理赔。有时候出行计划变动较大，我也会考虑购买退票险，以应对有可能随时取消的行程。

3. 保障期限

保险的保障期限要覆盖整个旅程，不要出现保障真空期，有些签证对于保险日期的计算非常严格，所以最好在购买的时候确保保障期限比出入境的时间多一天。

自驾游的保险购买也很巧妙。大家一般都购买车险，所以在出行之前要对自己的车辆和相关保险进行检查。

 购买车险的注意事项有哪些?

☑ 检查是否有过期的保险以及是否涉及保险的免责部分而无法获得经济赔偿。

☑ 在购买保险的时候要注意有没有重复购买的问题，以免造成浪费，因为我们平时购买的保险类别，有一些往往涉及了意外身故、残疾保险和意外医疗保险。

☑ 自驾游要考虑划痕险，因为出行途中路况不受自己控制，车辆经常停在路边或野外，比较容易有划痕。

☑ 一定要了解清楚车险的相关知识，毕竟自驾游比平时在城市里驾车遇到的突发事件更多，要注意保留现场证据、及时报案、搜集事故证明和损失证明等。

出国旅行的话，很多时候办理签证需要提供保险单，比如欧洲的申根签证，使馆的要求是购买赔偿额度至少30万元人民币的旅游医疗保险，可见境外保险对于旅行者的重要性和必要性。国外的环境非常复杂，它的复杂性大部分来自旅行者对环境的不熟悉，不只是交通状况，还有当地治安以及公共规则，甚至包括当地的风俗，旅行者很有可能因为对这些不熟悉、不知晓而发生意外。再加上现在国际形势变化莫测，像夜店枪击案这样的恶性事件时有发生。现在市面上出售的境外保险，处于战争状态的国家是不受理的，而由于不同国家的经济发展水平有差别，存在的风险也不同，保险公司都会做一定的评定。关于在不同国家购买保险的注意事项，我会在"目的地旅行安全攻略"这一部分再做详细介绍。

应对突发事件与意外的10条经验

1. 应对天灾

最常见的天灾当数洪水、地震、海啸、泥石流、龙卷风、台风。出发前一定要关注目的地的新闻和天气情况。去到海岛或沿海地区，要关注当地是否处于灾害高发期。

（1）洪水。遇到洪水时要迅速跑到附近海拔较高的地方，如高楼或者山坡，并立即发出求救信号，切记不要接近电线杆和高压线塔以及泥坯建筑。

（2）地震。地震发生的时候千万不能选择跳楼的方式来逃生；在公共场所应迅速蹲下、保护好头部或靠近大型稳固物品并尽快转移到空旷场所，切勿乘坐电梯。

（3）海啸。从地震到海啸会有一个时间差，发现潮汐反常就要开始避险和逃生，要迅速离开海岸；如果不幸落水，千万不要喝海水，尽量不要游泳以免消耗体力，并向其他落水者靠近等待救援。

（4）泥石流。自驾游的时候要跟当地人询问路况，熟悉路况，避开容易发生泥石流的路段并且尽量不在暴雨天气里走山路。

（5）龙卷风。龙卷风发生时避免使用手机，应躲藏在地下室，不要待在露天的楼顶或车内。

（6）台风。台风多发生在南方沿海地区的夏秋季，要随时留意天气动向，避免在台风期间出行。

2. 应对恶劣天气

（1）下雨。旅行过程中应随身携带雨具，特别是在春季雷雨多发期，要随时观察天色和关注天气预报，在暴雨的时候不出门。如果身在旷野，记住穿雨衣比打伞更安全，不要在树下避雨。

（2）高温。高温天气里要预防中暑，应多喝水，少食多餐，多吃味苦的食物，避免过量运动。最适合出行的季节大概是秋季，秋高气爽，大多数地方天气变化不会太突然。

（3）暴雪。冬季出行会遇到暴雪等天气，对于自驾者来说，在寒冷地带开车需要掌握更多驾驶常识，并且要保证车子能应对暴雪天气，所以雇当地司机做向导是个稳妥的选择。

3. 应对骨折

在旅途中，骨折是最常见的外伤，特别是户外旅行者，必须具备一些自救的常识，以保证生命安全。

对于轻度无外部创伤的骨折，在还没有肿胀的时候应尽快用冰块敷伤处，且要避免冰块与皮肤直接接触；对于有伤口的骨折，要先用干净的消毒纱布压迫止血，如果骨折端外露，不要移动，保持原状，以免把细菌带入伤口导致感染，等待医护人员来处理。另外，断肢要及时固定，在没有夹板的条件下可以用树枝、雨伞、硬纸板等暂时代替，脊柱、下肢骨折时切记不要搬动伤者，要使用担架移动。平时养成锻炼的习惯，可增强肌肉的力量和骨骼的韧性，有效防止骨折的发生。在爬山之前可以做有氧运动和拉伸运动，老年人尽量避免高难度的户外旅行。

4. 应对动物咬伤

据统计，被动物咬伤是全球人口发病和死亡的一个主要原因。在旅途中，特别是前往非洲和东南亚地区旅行，常常会发生被蛇咬伤的意外，所以在一些特殊地方行走的时候对穿着设备有特殊的要求。

（1）被猫、狗咬伤。首要任务是进行挤血和伤口消毒，然后尽快前往医院进行狂犬疫苗注射或者破伤风针注射，不要用土办法来处理伤口，在没有消毒液的情况下可使用肥皂水或流动的清水冲洗伤口。很多农村地区的狗一般都不拴绳子而是放养，所以喜欢下乡的人一定要做好应对策略，不要去招惹凶狠的狗。

（2）被蛇咬伤。如果是被不明种类的蛇咬伤，注意不要奔跑，应尽快绑上绷带，以免毒液在体内扩散。

（3）被昆虫咬伤。如果被蜜蜂蜇伤，出现红肿现象，应尽快将蜂刺取出，在患处涂抹碱性药水，情况严重时应立即前往医院救治。

5.应对食物中毒

出门在外，我们对食物的要求往往会降低，再加上钟情于当地小吃，所以食物中毒是旅途中最常遇见的问题。食物中毒一般表现为恶心、呕吐，伴随腹泻、发烧，如出现此类症状，应立即停止食用可疑食物并及时补水（呕吐和腹泻可能会导致身体脱水）。反复呕吐和腹泻是机体排泄毒物的表现，在出现食物中毒症状的24小时内，不要擅用止吐药或止泻药。有时候水土不服也会有类似的症状，如果只是水土不服，多食水果，少吃油腻，服用一些多酶片和维生素B2就可以了。万一是食物中毒，可以参考以下几个急救方法：

（1）催吐。这是非常简单又很有效的方法。将洗干净的手指伸到喉咙深处，轻轻划动，也可用筷子、汤匙等，同时可以喝些盐水，起到补充水分和洗胃的作用。中毒者若昏迷则不能催吐，以免呕吐物堵塞气管。

（2）导泻。进食两个小时后，食物已到了小肠大肠里，这时催吐是没什么效果的，要考虑导泻。食醋具有一定的杀菌抑菌作用，对于腹泻也有一定的防治功效，如果吃了过期或变质的食物，可先用食醋加开水冲服。另外，牛奶或蛋清中含有蛋白质，可以缓解重金属中毒。如果情况严重，就要及时就医。

6.应对晕车

晕车大多跟人的体质有关，但也可能跟人的身体状态有关。

为了避免晕车，出行之前一定要养精蓄锐，避免过度疲劳，不要在过度饱餐的情况下坐车。如果知道自己一定会晕车，可以在坐车前吃晕车药，或者喝一小杯醋以缓解晕车症状；也可以带上一片生姜或橘皮，在坐车时放在鼻孔处闻；或是携带风油精或驱风油。这对缓解恶心呕吐有一些帮助。尽量少乘坐汽车、轮船类交通工具。

坐车时，应保持车内空气的流通，如果是坐巴士则尽量选择靠窗、靠前的位置。要保持身心愉悦，不要在车上阅读书籍或用手机看新闻、电影，可以听听音乐闭目养神。

很多开车旅行的人也有经验，有晕车经历的人往往开车时没有晕车的症状，这跟注意力转移有一定关系，晕车的人在自驾游的时候可以考虑开一会车，或者坐在前排的位置。

7.应对证件丢失

证件丢失最可怕的不是旅途不能继续，而是被不法分子利用身份信息实施违法行为，所以不管在什么时候，证件丢失后的第一件事应当是办理挂失并补办证件。

（1）在国内丢失证件，如果需要入住旅馆或者乘坐交通工具，可在附近的派出所开具身份证明。在你写好身份证号、姓名、地址等信息后，执法民警会联网进入系统核实你所提供的信息，并用摄像头拍下你的样貌,打印在一张临时身份证明上。我们平时可以把身份证等证件扫描到电脑上，并上传手机或邮箱，这个电子备份能够在纸质证件丢失时发挥作用。目前，铁路部门认可25种有效身份证明，常用的户口簿、驾照均在内，一些常用证件也可保留电子备份。

（2）在国外丢失护照，同样需要先去警察局挂失证件，然后带上挂失证明到领事馆申领新护照或者旅行证明。每个国家的办理时间不同，也不是所有国家的中国领事馆都有补办护照的服务。

以我个人的经验来说，要随身携带重要证件，最好不要把重要证件跟托运行李放在一起，用完证件之后要放回原位。另外，可以在行李箱里放置证件的复印件备份。

8.应对财物被盗

防止财物被盗最有效的方式就是尽量少带现金，如今网上支付平台众多，并在国内普及，甚至在东南亚、日本等地都已经可以网上支付，一些偏远的地方还是需要用现金，那么出门带少量的现金即可，出国可以尽量使用信用卡或储蓄卡支付。如果钱包丢失或失窃，首先要挂失身份证件和打银行电话进行银行卡挂失，以免盗窃者通过证件盗取卡内金额。要贴身携带财物，尽量不要全部放在同一个地方，这样可以分摊失窃的风险；不要在公共场所随意展示财物，以免被不法分子盯上。

9.应对迷路

一般在城市里很少发生迷路的情况，毕竟现在导航系统非常发达，很多导航软件可以帮助旅行者识别方向。现在很多导航软件在国外也能正常使用，只要不是到特别偏远的地方。所以在手机里安装导航软件必不可少。

为了预防网络不佳，可以提前下载需要前往的地区或国家的地图，下载下来的地图非常精准。

如果不是探险爱好者，应尽量避免野外探险旅行。如果是初次尝试者，要有合作的伙伴，带上指南针等可识别方向的仪器，并且提前学习野外求救的知识。出行前应做好规划，不要盲目行走。

还有一件非常重要的事情，那就是一定要保证手机有电。一部充满电的手机是你出行的安全保障之一。

最后，不要害怕问路，但女生最好找同性咨询，避免被陌生人跟踪。

10.应对陌生人跟踪

每个国家和地区的治安环境不尽相同，在出行之前最好先了解一下当地的治安情况。到了目的地，应避免独自到郊外行走，避免一个人在夜间行走，可以跟当地的酒店或导游了解各个街区的情况。

如果遇见被跟踪的情况，尽量往人多的地方去，通过人流避开跟踪者的目光，或者及时向行人传递自己被跟踪的信息，保持与亲友的联系，如有必要，应拨打当地报警电话。

女性单独旅行时最好少接触陌生人，最起码要做到不过于亲近，不要跟陌生人坦诚交代自己的真实情况。

在越南会安古城的中暑事件

很多年前，我为了写一本关于越南的书，去了无数次越南，这个东南亚国家是我出国旅行的第一个国家。只要有时间，我都会选择去越南度假或旅行。越南的气候相当炎热，是典型的热带季风气候，湿度非常高，而且国土狭长，北部的气候跟中部、南部又有明显差异，一年只分旱季和雨季。

另外，东南亚的气候吸引了西方国家的许多游客来此度假、旅行，中国游客也很多，毕竟，去一趟东南亚旅游的价格，可能比去国内一些城市还便宜。

越南之所以受欢迎，可能是因为它的包容性。越南曾是法国殖民地，保留的法式风情让很多喜欢怀旧的人跃跃欲试，但它也有很多落后的地方，卫生条件参差不齐。

我去越南会安古城那一次还没有从原来的单位辞职，所以选择了暑期出行。要知道越南的夏季是雨季，高温且闷热。那趟出行是说走就走的，没有做太多的准备。我是从香港地区出发抵达越南的。东南亚地区的酒店有一个特点，就是空调温度开得特别低，对于这个情况，其实像我这种经常出行的人是应该早有准备的，但偏偏这次我大意了，发生了中暑。

其实我中暑并不是一抵达越南会安古城就发生的。那段时间我的身体伴有炎症，这是中暑的前提之一。

到了越南后，由于户外和室内温差太大，再加上汗流浃背之后迅速吸干，在那日坐船游览湄公河的时候，我终于中暑了。先是出现畏冷、发冷汗的症状，然后感觉有点头晕，最后借导游的外套穿上，不得已终止了这次游览。回到酒店后，我开始发烧，同时出现怕冷、头晕的症状，同伴在药店给我买了药，但我不敢随便吃，还是自己带的藿香正气丸管用。幸好我本身体质不错，在酒店休息了两天后症状明显减弱，恢复了可以出行的状态。

这次中暑事件确是我十几年旅途生活中第一次遇到的，令我始料不及。所以不要对自己的身体太过自信，要预防任何事件的突然发生，只有身体好，才能行天下。

半夜里闯进来的喝伏特加的俄罗斯男人

去俄罗斯旅行是一趟令人惊喜的旅行，因为我原本以为此行目的地只有抚远，所以在出行前并没有做太多的准备，对俄罗斯也没有做相关的了解。抚远，这个被称为"华夏东极"的城市，是中国最早迎接太阳的地方，它与俄罗斯哈巴罗夫斯克仅隔着一条乌苏里江。前往俄罗斯，我们便是从抚远坐船抵达哈巴罗夫斯克的。

时值金秋，在东北，天气已经开始寒冷。哈巴罗夫斯克是俄罗斯的一个远东城市，属于温带季风气候，初秋时分便有入冬的感觉。这座小城充满了异域的魅力，安静祥和，也有不少中国人在此居住生活和工作。我们入住的酒店也算是当地比较不错的酒店，但是，偏偏这样一趟让人看起来不会出什么意外的旅途，使我遭遇了人生中第一次住酒店被人误闯的险情。由于没有太多防备，再加上晚上应酬，身体劳累，我睡觉的时候忘记反锁房门，半夜1点左右便隐约听到有人拿房卡开房门的声音，我惊醒之后坐了起来，没想到房门真的被打开了，一个只穿着裤衩的俄罗斯男人拿着酒瓶进来了。

　　还好，这不是入室打劫强奸，只是一个喝醉了酒的俄罗斯男人进错了房间。在我尖叫之后，男人反而被吓退了，赶紧出门并连连道歉，空气里留下了一阵浓烈的酒的味道。事后，酒店调取监控进行查证并给我道歉。其实遇到这样的事情应该是可以申请赔偿的，但我们此行的目的是做采访，我也并未受到实质性的伤害，也就息事宁人了。为什么其他人的房卡能开自己的房门，这跟酒店的电脑系统操作有关，但也不排除有不法分子故意为之。俄罗斯是一个"战斗民族"，很多人嗜酒，无酒不欢，在酒店附近或者大街上经常有酒后失态的人，所以，在这里旅行一定要保护好自己。

　　这件事情虽然不严重，但反映了一个资深旅行者也可能忽略的住宿问题。可能是旅行次数太多，没有遇到过类似的情况，所以我掉以轻心了，再加上旅途劳累造成的疏忽，最终导致了此次事情的发生。所以，独自出行的女性在入住酒店的时候一定不要大意，特别是在国外旅行，反锁房门是进房间后的第一个步骤，至于其他的在门锁上做一些防护措施，网上有不少招数，但务必不能忽略第一个步骤。

第二节 春季旅行安全

一、春困是一种病吗

"金地夜寒消美酒，玉人春困倚东风""春眠不觉晓，处处闻啼鸟"……古诗词里把春天的倦意描绘得如此诗意，却不知其实春困是由天气引起的身体不适。春困来源于湿气，中医的解释是春天湿气重，而人如果阳气不足就容易被湿邪侵犯，脾不能正常运行，从而出现嗜睡、精力不足、疲倦等症状，所以春困也被称为"湿困"。

很多女生偏爱在春季旅行，毕竟踏春是大家对旅行最美好的愿望。春季去旅行，我们往往爱选择湿气更重的南方，去感受春天带来的万物复苏。其实一个地方湿气重，身体是会发出信号的，困顿只是其中一种，有些人甚至会因为湿气而犯风湿，特别是身体某个部位曾经受过重创的，潮湿的环境会加重炎症。春困带来的困扰当然不只是精神不振，在旅途中，春困还会带来很多负面的影响，比如疲劳驾驶。对于春困这种看似是病但又不是病的症状，我们要从以下三个方面调节自己的适应能力。

1. 饮食均衡

油腻的食物会让身体变"酸"，使人发困。所以，踏春旅行的时候要多吃一些碱性蔬果，如马铃薯、香菇、洋葱、茄子、萝卜、花菜、柿子、藕、百合、南瓜、香蕉、苹果、梨等。这些蔬果可以中和体内的酸性物质，有效缓解春困。另外，可以适当吃一些辛散之物如葱、姜、蒜等，这些可以振奋阳气，缓解春困。

2. 适当运动

缺乏运动会诱发春困，有困意时，不要任由自己打瞌睡，要起身活动身体的关节，使大脑兴奋。人在运动时，身体的循环加快，就会有更多的血液运输到大脑，大脑也会更清醒。

如果长时间乘坐交通工具，一定要适时舒展筋骨，并尽量减少持续的坐卧，比如可以在行程中进行中转。旅行的途中也可以抽空进行一些有氧运动，如慢跑、游泳、瑜伽等。

3. 多休息

尽量多休息。人在旅途，很多时候无法保证睡眠时间和质量，所以应尽量保持原有的生活习惯，不要把行程安排得太满，避免打乱生物钟。个人经验就是春天里有个20分钟的午睡时间是很完美的。

二、乍暖还寒的应对策略

春天的天气变幻莫测，有时候中午气温很高，风和日丽，到了傍晚，很有可能就出现气温骤降、暴雨忽至的情况。很多人外出嫌麻烦，一般只按当时的天气来穿衣，晚上气温下降，抵御不住寒风就很容易感冒。所以春天要按照气温高低增减衣服，做好保暖工作，随时关注天气预报。

当然，天气预报也有不准的时候，要未雨绸缪，带上雨具和保暖衣物以防生病。如果觉得带上大衣比较麻烦，可以在背包里放一条围巾，非常有用，而且围巾百搭。

预防春季感冒与对付春困其实是相通的。要知道疾病之所以能侵入体内，都是因为身体抵抗力的降低、睡眠不好以及对陌生地方的焦虑和水土不服。

三、出行地选择建议

个人经验是春游不适宜远行，毕竟春天是一个疾病多发的季节，而多变的天气对于自驾者来说也是一种考验，特别是去山区自驾，会有泥石流等意想不到的潜在危险。

在国内，江南地区是春季旅行的首选，有浓郁的春天的味道，而且交通方便，适合短途旅行。国外赏春大多数人会选择去日本看樱花，但如果纯粹是为了赏花，国内的江南桃花、金川梨花、伊犁杏花、大理樱花，花与景色的交织，与国外相比毫不逊色。

春季是赏花的旺季，一些比较著名的景点即便不是周末也人山人海，更何况在周末或节假日去春游，体验的效果会非常差。所以建议就近赏春，特别是带孩子春游的旅客，要根据孩子的实际需要来规划行程。如果只是为了感受春天的季节变换，其实附近的农村就是不错的选择。现在农村的旅游如火如茶，很多体验可以帮助孩子认识自然和世界。最关键的是，行程既短而轻松，又能感受春天的朝气蓬勃。

四、旅行箱与常用药的准备

1. 准备旅行箱

春季旅行尽量选轻便的可以登机的旅行箱，随身携带一件可以御寒的外套，多带几件可以替换的打底衫即可。春季闷热容易出汗，特别是孩子，可以考虑让孩子自己看管自己的行李箱，养成独立的习惯，也可以为大人分担一些重量。

爱拍照的女孩子自然不会错过春天与花的合拍，所以会带很多好看的衣服出行，但是行李箱的容积有限，在挑选衣服的时候适当做一些搭配，避免旅途中因行李过重而消耗体力。

2. 准备常用药

旅途中需要携带常用药以防万一，小朋友看到新奇的事物难免兴奋，蹦蹦跳跳中磕伤碰伤是很可能发生的事。所以，家长与孩子在春游的过程中不妨带上一些外伤药，例如创可贴、云南白药等。另外，为了预防春天气候多变对孩子健康的影响，父母还可以带上一些其他常用药。

 春季旅行也需防晒吗？

春天春暖花开，天气温润和煦，偶尔还春雨绵绵，似乎跟防晒没什么关系。

其实，春季防晒的重要性胜于夏季！春天的紫外线更强，是那种让人猝不及防的侵蚀。不注意防晒，天天在户外跑，那就只能做"黑美人"了。防晒不只是关乎美不美的问题，还是一个健康问题。

要知道，我们的皮肤在春季里分泌更多的皮脂，而春天的气候往往会带来更多灰尘和细菌，很容易堵塞毛孔，并且冬春两季是全球臭氧含量最少的季节，所以春季阳光中的紫外线含量较高。

忽略春季防晒的重要性，往往会使皮肤在不知不觉中受到伤害，容易患上日光性皮炎，使暴露的皮肤出现红斑、小疹子，奇痒难忍。

Tip 春季旅行注意事项 ▼▼▼▼▼▼▼▼▼▼▼▼▼▼▼

◎ 春季出行要避免一次性大量、强烈的日光暴晒，和煦的阳光往往是最厉害的皮肤杀手，春游时不妨戴上宽边遮阳帽。

◎ 如果不是前往高原等地带，可在脸部涂抹防晒指数较低的防晒霜，尽量让皮肤在防晒之余还能呼吸。

◎ 在饮食上，多食用含维生素A的食物和新鲜蔬菜水果。

◎ 对一些可诱发春季皮炎的光感性食物，如泥鳅、螺、无花果等，尽量少吃或不吃。

个人
案例 3

春游杭州

制订杭州旅行的计划其实非常简单，我以前也建议过出门的朋友们，如果是休闲旅行，所到之处不宜太多，尽量待在一座城市，住在同一家酒店，这样不但能免去辗转奔波的辛苦，也能免去不断更换酒店带来的麻烦，春游更应该如此。所以这趟放松身心的旅行，我决定只选择杭州，并且决定待上10天，只为了这一年最美的春色。

这样的踏春之旅对于很多上班族来说有点奢侈，但对于一个自由职业者来说，一定是最好的选择。要注意的是，春天的杭州也是网红打卡地，不只外地游客来赏春，本地人也会选择在这个时候全家出动，毕竟春季是杭州一年当中最美的季节。

我在预订酒店的时候发生了一段小插曲。我主要是想去体验龙井茶，所以就预订了龙井村的一家客栈，时间正好是周末，价格不算便宜。原本以为住在村子里接近大自然的机会会更多一些，后来还是觉得有点失策，毕竟我的这一趟踏春之行计划是10天，而不是一两天。所以固定的住处，方便的交通，对于每天需要出门赏春的我来说，才是最明智的选择。龙井村的客栈确实让我体验到了住在村子里的乐趣，比如徒步就能去到九溪十八涧，出门就可以看到茶农在炒制龙井茶，处处都能感受到春茶的芬芳。

然而，春天并不只限于这一份明前茶，杭州也不只有龙井村。那些天，村子的交通非常拥堵，于是我的行程只能限制在步行或者骑行能够到达的范围，想要去西湖或其他地方，十分艰难。

客栈有个非常不便的地方，就是潮湿，洗手间位于地下室，用完之后几乎一整天都不干，地上非常滑，存在很多安全隐患，不适合老人和小孩居住，潮湿的环境对于女性的健康也没有益处。

春季旅行中，在酒店的选择上最好还是选高层，特别是选要小住几日的住处时，干燥的环境对身体相对好一些。

后来我便退了客栈的房间，住到了市中心双地铁交会处的高层酒店，楼下就是地铁和公交，走10分钟就能到西湖，附近的百货超市、卖场、食肆一应俱全，这样十分便利的住宿环境，才是休闲旅行的正确打开方式，这是我对春季旅行最有感触的地方。

春季旅行中，在路线的选择上也有讲究，因为春季是杭州的旅游旺季，杭州此时堪称人山人海，所以在这样的季节里去这么一个热门的地方，一定要有心理准备。比如提前预订酒店，特别是在周末或清明假期前后。热门的景点比如太子湾公园、断桥、雷峰塔等肯定是人满为患，不喜欢凑热闹，也不想在那里半天打不到车、吃不上饭的话，可以趁人多的时候去一些小众景点，错开参观的时间。假期允许的话，尽量避开周末出行。如果是像我一样爱摄影的女子，可以做一个错峰参观的计划，比如早晨5点起床去太子湾公园拍樱花或去苏堤拍桃花，那个时候人少，交通不拥堵，绝对是最好的拍照时机。在旅游旺季调整一下生物钟也是有必要的，但要在能保证睡眠的前提下进行。

最后就是要时刻关注天气预报，杭州春季多雨，所以出门必须带上雨具，天晴或下雨都可以用上。再者就是要注意有花粉过敏史的人一定要少去赏花，但可远观。至于龙井茶值不值得买，在景点贪图便宜而购买大可不必，可以去正规的品牌店购买，有质量保证，就算要投诉商家也能得到保障。

第三节 夏季旅行安全

一、应对闷热天气的妙招

夏季出行最头疼的自然是天气，北方天气干燥，只要注意避开烈日即可，但在南方或东南亚地区，闷热的天气和汗流浃背的身体绝对会把人的心情搞砸。所以一年四季中，最不适宜出行的季节就是夏季，但因为暑假的原因，夏季往往又是旅游旺季。应对闷热的天气，除了多喝水和防晒之外，唯一能做的就是尽量避暑。

（1）我们乘坐交通工具需要上车、下车，为避免车内外温差过大，最好随身带一条可以当披肩用的薄围巾或者一件外套，以免中暑。

（2）外出后浑身大汗时，回到酒店不宜立即用冷水洗澡，以防寒气侵入体内而感冒。应先擦干汗水，稍做休息后再用温水洗澡。

（3）夏天的常备药有藿香正气水、风油精、肠道消炎药、保济丸等。

（4）不要等口渴的时候才喝水，如果出汗较多可以喝淡盐水补充水分。

（5）不要着急食用冰凉刺激的食物，特别是冷饮，最适宜的食用温度是接近人体的温度，最好喝常温水。高温天气宜吃咸食，多饮凉茶、绿豆汤等，以补充出汗失去的水分、盐分。

 如何应对中暑？

夏天出行是最容易中暑的，高温的天气，加上旅途中忽略对自己的照料，以及处于冷热交替的环境中，人极易中暑。特别是在东南亚地区旅行，室内温度通常过低，"老司机们"都会随身带着一件长袖外套。

夏日出行要注重的事项：

☑ 一定要备好防晒用具。

☑ 上午10点至下午4点这个时间段的阳光最强烈，发生中暑的可能性是平时的10倍，此时最好不要在烈日下行走，如果必须外出，一定要做好防护工作。

☑ 在旅行地的挑选上，尽量不要往暴晒的地方去，夏天要避暑而不是明知山有虎偏向虎山行，不然整个旅行都会因为中暑而终止。

如果出现有人中暑的情况，要做到以下几点：

☑ 及时把他的衣服解开，最好能帮他换一身干爽的衣服。

☑ 让他仰卧在通风、遮阴、凉爽的地方，以助其散热。

☑ 用温水泡过的毛巾擦拭其身体，最好全身擦拭，这样能加快血液循环，迅速散热，如果不能全身擦拭，可先擦拭头部。

☑ 如出现呕吐或晕厥的症状，则要到医院进行救治。

☑ 中暑后要多喝一些绿豆汤、淡盐水、藿香正气水等，可以解暑补水，补充电解质。

二、出行地选择建议

夏季是爬山的好季节。打开城市地图，查查周边有没有什么没有去过的高山、小山丘。在山上，绿林重重叠叠、枝繁叶茂，走在山间小道上，空气清新，正好驱散燥热的天气带来的不安。

夏季也可以考虑去海滩，冲浪也好，游泳也好，这个季节海水不会很冷，海风也不会让人受不了。南半球的四季与北半球相反，去感受那里的冬天，既能感受到异域风情，又能避开炎热的夏天。

当然，夏季也是去西部的好时机，比如自驾去西藏、新疆，这些地方天气相对凉爽，而且有非常成熟的自驾路线，风景也非常优美。但要提前做好计划，规划好路线，提前预订酒店和租用车子。

三、自驾出行指南

夏季是交通事故多发的季节。炎热的时候，心情烦躁，且开车容易打瞌睡，车辆也容易发生爆胎。夏季多雨，雨天开车视线不够清晰，有很多因素影响车辆的前行。

那么，我们在夏季自驾出行需要做哪些安全措施呢？

（1）规划好路线。提前了解所经之地的地势和天气情况。

（2）防疲劳瞌睡。夏季气温高，睡眠不足开车很容易犯困，当行车中出现频繁打哈欠或手足无力的情况时，应及时休息或更换驾驶员。

（3）夏季路面温度较高，出行前，要注意检查轮胎磨损情况和气压；雨天行车时，要开启雾灯降速并增大行车距离，避免紧急制动和转向；车辆通过积水路段时，要匀速地一次性通过，不要在中途停车或减速，以减少车轮滑行的可能；戴墨镜开车时，墨镜的颜色不宜太深，墨镜的暗色会延迟眼睛把影像送往大脑的时间，尤其是遇到信号灯的时候，这种视觉的延迟会造成速度、距离感失真，使司机做出错误判断，从而造成交通事故。

（4）车辆的油量不宜过满，行驶中的颠簸，特别是走高原山路的时候，会使汽油溢出；一旦车辆在阳光中暴晒，很容易发生自燃或爆炸。

四、应对夏季时的生理期

女孩子每个月都有烦心事，生理期是其中一件，所以在制订出行计划的时候，务必考虑自己的生理期，尽量避开。

旅行在外，生活不方便，不可能像在家里一样随时上厕所，而且旅途中的厕所也未必干净，染上细菌的可能性很大，住酒店若把床单弄脏还要清洗或赔钱。最重要的是，生理期免疫系统功能会减弱，出行在外，不规律的生活很容易使自己受到感染。

生理期还有诸多限制，比如不能泡温泉，不能游泳，不能做SPA，当地的美食也不能尽情享用，在东南亚街头也只能喝常温饮料……

所以，遇到生理期能避就避，如果没法避开，要备好卫生巾以及湿纸巾等用品，并放在包中以备不时之需。如果去较热的地方，短裤和长裙是最好的装束，可以通风散热，防止细菌滋长。

现在有一种专门为生理期设计的内裤，可以带一两条，防止弄脏酒店的床单。

另外，还有一个窍门，就是看见厕所就去，让"潮涌"都解决在厕所里而不是车上或路上。

暑期自驾游川藏线

在自驾游之前，我有过几次上高原的经历，所以应对高原反应，自己是比较有信心的，但因为曾目睹过同事因高原反应而被急救的惊心动魄的场面，所以在选择高原旅行目的地的时候，我还是会做很多准备。在应对高原反应上，很多人说法不一，有些人觉得平时运动多的人不会有高原反应，有些人则觉得平时安静的人更容易适应高原环境，因为他们需氧量更少。

其实，各种情况都有可能发生，有人第一次去的时候没有发生高原反应，第二次去的时候高原反应却非常严重。所以，面对高原反应，不能掉以轻心，出发之前应保持良好的状态，休息好，清淡饮食，适时地调整进入高原后的心态，保持平缓的行走和运动节奏，才能应付随时可能变化的身体状态。

此次自驾游不是独自旅行，不建议女性独自自驾游，特别是去西部，最好是两三辆车子一起走，发生事故时可以相互照应。相对来说，夏天的川藏线比较好走，温度也适宜，不会太冷，但高原的天气变幻无穷，必须考虑各种突发的天气状况，并带上御寒的衣服和必备的药物。

此行我们会抵达定日珠峰大本营（那时候还未关闭），所以必须带上羽绒服御寒，羽绒服在当地也可租用，如果自己的行李箱实在装不下的话，可以考虑租用。但自驾游就没有那么多行李的限制，不在乎多带点必备的物品。

因为行至边境，（当时）上珠峰需要办理边境通行证，所以我在出发地提前办好了。为了避免即时办理的拥挤或耽误时间，最好在出行前办理好相关的手续。

目前川藏线已经是非常成熟的自驾路线，但是路途中还是有很多不稳定的因素，颠簸的山路对车子的损耗也非常大。从成都出发，抵达拉萨一般需要两三天时间，必须有人轮流开车，并且不开夜车，保持正常的生物钟，养精蓄锐以应对白天的路况。路途中有可能会遇到山体滑坡、泥石流、道路被洪水淹没等状况，需要熟悉路况的人做主导，随机应变。另外，新手司机最好不要在此时上路。山路十八弯，一不小心就会遇到危险。

自驾游在路上的生活当然不会太舒服，暑期川藏线的日照非常强烈，高原紫外线特别厉害，一不小心就会晒伤皮肤，而且开车的时候很容易忽略防晒，所以要戴好墨镜和防护手套。

此时为夏季，早晚的温差非常大，白天穿短袖、夜里披棉袄是很正常的现象，千万不要带着感冒上高原，这是高原反应的最大诱因。另外，尽量不要在夜间行车。

高原的生活条件相对较差，大多数厕所都是旱厕，甚至很多时候需要在路上解决，建议女生要做好准备，多带一些湿纸巾以应付路上的如厕问题。如果是来例假，长时间坐在车上，可以在白天的时候使用夜间卫生巾，以防止找不到厕所的各种尴尬。

需要强调的是，刚刚到高原的时候很多人往往会比较兴奋，觉得自己的身体很能适应当地环境，但高原反应是一个循序渐进的过程。

在我们这趟旅行中，很多同伴在拉萨是完全没有问题的，得意忘形，熬夜打牌，有些女生还洗冷水澡逞强，这种做法最不可取，高原反应是贯穿整个高原旅行的。合理安排作息时间，比平时更注重保护身体，在恶劣的环境中才能扛下来。

第四节 秋季旅行安全

一、关于国庆长假

　　秋季是一年之中最适合旅行的季节，秋高气爽，天气适宜，而且人的精神在秋天也特别好，所以大多数人喜欢把一年之中的旅行安排在秋季。特别是国庆长假，这是全年之中法定假日最长的一个假期，大多数人都不想浪费这么宝贵的假期，几乎全民出动，相当于营造了另一个春运。想象一下春运的交通，让人头疼吧？全民出动的旅行，在旅行质量上必定会大打折扣，其实这些道理大家都懂，可是苦于朝九晚五的你，是不是也有很多无奈？这么长的假期不利用，哪还有机会出门远行呢？

　　其实，想要避开旅行高峰期，除了错峰出行，在目的地选择上也可以做一番研究。比如不要去凑热门景点的热闹，选择偏门旅行地，可以尽量待在一个地方，减少旅途中迁徙的消耗，还可以计划出国旅行，毕竟国外相对于国内来说，游客会少一些。

 二、应对秋燥

秋干物燥，是这个季节的缺点。天气干燥，对很多人来说，不只是会产生皮肤瘙痒等问题，严重的还会引起肺部问题或便秘。以下是应对秋燥的几点建议：

（1）在旅途中，我们可以通过补充水分来缓解干燥，但光喝白开水并不够，古代就有对付秋燥的良方："朝朝盐水，晚晚蜜汤。"也就是说，早上可以适量喝点盐水，晚上则喝蜂蜜水，不仅能有效缓解秋燥，还可以避免便秘。

（2）在旅途中给肌肤补充水分，可以带一个简易的小喷筒，里面装一点玫瑰花水或饮用矿泉水，不要正对着脸或身体肌肤喷，而是在周围的空气里喷洒，这样水分才能被身体表面充分吸收，这在自驾旅途中特别管用，还能起到提神的作用。

（3）可以随身携带护手霜和护发精油，可以在晚上敷保湿面膜。

（4）秋季的便秘基本上是缺水所致，所以要让肠道润滑起来，多吃蔬果，梨是秋季最好的水果，不仅能缓解便秘，还能对咳嗽起到作用。

（5）尽量多喝温水，温水能促进肠道蠕动，不碰凉水，如果没有温水，那就用常温水代替。

（6）我们在旅途中乘坐火车或飞机时经常久坐不动，这也是造成便秘的因素，所以不管乘坐什么交通工具，在允许的情况下，应多站起来走动走动。

三、出行地选择建议

秋天想去的地方太多了，但旅行最忌贪心，既然这个季节大多数地方的天气和风景都不错，那就可以根据自己的需求来安排。

比如假期短的，可以在附近一小时内能到达的地方赏秋，江南金秋桂花香，北京的秋天也很梦幻，或者就去婺源村落走走看看，感受秋天带来的惊喜。

如果时间充裕，则可以考虑自驾游新疆，北疆的秋色简直就是童话世界，色彩缤纷，蓝天、白云、冰峰、雪山、森林、草甸应有尽有，只是这个时候的北疆已经开始寒冷，赏秋的同时一定要注意保暖。四川稻城亚丁的秋季是一年中最有诗意的时候，此外还有甘肃甘南、云南腾冲和香格里拉、内蒙古阿尔山等景点。总之，只要你能想到的地方，秋天的时候都不会让你失望。

不只是国内，9月到10月之间，全球都进入了美景模式。出国旅行推荐的地方有美国的旧金山和洛杉矶，日本、摩洛哥以及欧洲、南非各地。日本京都的枫叶非常有名，不丹此时最适合徒步观赏雪山，摩洛哥沿大西洋的海滩，还有神秘的撒哈拉沙漠，也都到了最适宜旅行的季节。所以，可以把一年之中的旅行安排在秋季，把时间集中起来，做一次长途旅行也未尝不可。

四、秋季的登高指南

秋天正是登高的好时节，要根据自己的体能选择合适的爬山路线，新手或者老人要选择易行的路线，做好行程安排，在太阳下山前完成。

1. 爬山前

（1）注意天气状况，带上足够的水和穿上轻便的衣服，以防中暑。天气寒冷的时候要穿上易脱的外套。

（2）爬山期间会出汗，需要脱衣，最好不要穿保暖内衣，一来密闭不容易排汗，二来出汗不易脱下。

2. 爬山时

（1）爬山的时候一定要带上手机和指南针，在出发之前可以把路线图以及地图拍照保存，一些偏僻的地方可能没有信号，这时候可以使用指南针和地图来辨识方向。能见度低或有雾的时候，沿着主要山径行走，避免走小路。

（2）虽然秋天大多数山上尚未积雪，但北方或高原的山峰已经有积雪。穿上防滑的鞋子是必要的，以防万一，确保安全，特别是老年人。

（3）体力不够好的人最好走走停停，不要为了逞强跑步登山。

（4）建议爱摄影的朋友们走路的时候不拍摄，拍摄的时候不走路，悬崖峭壁不同于平路，不要为了一张美图而冒生命危险。

（5）爱美的女孩子们记得做好防晒措施，有些山上绿化不够，没有足够的遮挡物，很容易晒伤皮肤，穿上通风的长袖衣或者戴上袖套，比起打伞，一顶足够大的遮阳帽更合适。如果不巧遇上雨天，尽量使用雨衣，方便行走山路。

 如何在旅途中预防腹泻？

要知道旅途中最尴尬的不是找不到厕所，而是发生腹泻。秋季腹泻，是旅途中最头疼的问题。夏季转入秋季，由于温度变化和病毒增多，很多人会出现腹泻的状况。这未必是吃错了东西，可能跟小孩子很容易发生秋季腹泻是一个道理。那么，如何在旅途中预防腹泻？

☑ 要注意饮食卫生，生食和熟食不要交叉食用，注意食品的保质期。

☑ 入住酒店之后，要保证房间空气的流通，要知道上一个带着病毒的住客可能刚离开这个房间没多久。入住酒店后及时打开窗户，让新鲜的空气进入房间。

一旦发生腹泻，需要保持水分的补给，保证每次腹泻发作之后补充一杯温水。

秋季出行必备的药品就是正露丸、藿香正气丸这些常用的肠胃药，如果腹泻非常严重，要终止旅行，及时就医。

个人
案例 5

秋游日本东北

日本东北常常是被大家忽略的旅游地，即便是国庆长假，大多数人也只会考虑一些比较常规的路线，比如东京、大阪、京都、冲绳海岛以及北海道等。日本东北反而成了小众之地。所以在黄金假期选择旅行路线时，需要提前去查阅一些资料，保证目的地足够小众的同时，也要确定目的地有足够的旅行资源和设施，不贸然去一些处女地。

其实日本东北的乡村风光一点都不逊色于其他地方，反而拥有很多属于自己的特色，比如农业风光、东北特有的风俗，还有原汁原味的温泉。日本东北的秋色也是很醉人的，漫山遍野的枫叶，各种色彩堆积在一起形成强烈的视觉冲击，所以我毫不犹豫地选择在某个国庆假期前往日本东北。果然不出所料，这里的游客没有那么多，去到一些乡村甚至看不到游客，这种体验跟人山人海的国庆黄金周体验相比，简直就是天上人间。

去日本旅行一定要提前规划，日本个人旅游签证的办理政策有很多调整，特别是针对三年、五年期的，要提前做好准备，提前预订机票和酒店也能得到更多的优惠。去日本并无太多安全隐患，总体来说，日本的住宿环境和餐饮卫生都是可以让人放心的，但肠胃脆弱的人要避免多吃生鱼片和海鲜。

秋天的日本东北已经有凉意，所以我带了一件厚度适中的外套。日本原乡的味道需要慢慢品味，不要把时间掐得太紧，可以去苹果园采摘苹果，感受食物成熟的味道，也可以去奥入濑溪流徒步，这是当地人最喜欢的赏秋路线。这片保护完好的原生森林，处处是红叶，虽然是徒步，但也非常轻松，老人和小孩都可以顺利完成。

我此行还去了秋田县、盛冈市、田泽湖等地，这些地方游客都很稀少，适合全家旅行和亲子旅行。日本东北地区的团队旅行还未完善，大多数前往的旅客都是自助旅行，如果有条件最好请一个当地的向导，只要前期做好路线规划和交通衔接，就是一趟不可多得的出境赏秋旅行。

第五节 冬季旅行安全

一、应对那个永远嫌小的行李箱

在温差相当大的两地之间来往的旅行，收拾行李最麻烦。比如冬季从岭南抵达东北或新疆、内蒙古等地，这时候收拾行李不但要确保抵达目的地之后能够应对当地气温，还要在行李的安排归置上保证冷热交替的场合能够比较容易切换自己的穿着。

我的经验是，在出行的时候随身多带一个行李袋，这个行李袋用来装脱下来的衣物或者要添加的衣物。可别小看一个行李袋，它的作用是很大的，因为两地的温度相差三四十摄氏度，有可能准备一件大衣都无法御寒，甚至需要带上打底棉衣和保暖内衣，或者一两块救急用的暖宝宝。

行李袋最好不要使用硬状的，因为衣服可以压缩，上飞机之后可以塞在行李架的缝隙里，不至于太占用空间。南方冬季最冷的时候，我们穿一件大衣也足够抵御寒冷。因此，收拾行李袋的衣物时，准备一件大衣足矣，可以反复使用，里面的衣服则要搭配适宜，可保暖兼美观。除此之外，最有用的还是能保暖的帽子和围巾。从寒冷的北方前往温暖的南方的朋友，随身携带一个行李袋更有必要，现在很多机场

都设有更衣室，可以直接在机场脱下秋裤和保暖内衣，不然身体闷热难受，会带来不愉快的旅途体验。

虽然南北温差大给出行的人带来不少困扰，但聪明的我们已经有了不少应对的办法。

南北温差最明显的季节应该是冬季，这给旅行带来不少麻烦。个人的经验就是，如果从温度高的南方抵达温度低的北方，如果温差在10℃左右，只需要在随身携带的行李袋里准备一件厚实的外套即可，或者一条可以当披肩使用的围巾。

其实很多南方人对寒冷的敏感度相对较低，因为湿冷的南方的冬季在感觉上明显比北方的干冷更加寒冷。比如从广东出发抵达北京，就不需要大费周折去做这种御寒的准备，如果是老年人，则在抵达机场等拿到行李之后再添置也不迟。

如果两地温差在20℃以上，比如很多南方的朋友喜欢冬天的时候去东北或者北疆看雪，温差可能超过30℃，这种情况则需要提前做好御寒准备，一个专门用来装毛衣、毛裤的行李袋是必需的。现在很多机场都有换衣服的场所，可以进去把贴身的保暖衣服穿上，但难免会遇到人多排队的情况，所以我的经验就是，出门的时候尽量把能穿在里面的衣服穿在身上，抵达目的地之后便可以在休息的地方套上保暖衣物，不至于脱换衣服太过尴尬。

在行程安排上，最好不要刚抵达一个温差相对较大的地方就开始活动。能先到酒店做一些调整是妥当的，如果非要立刻活动，一定要先对脖子和脚做好保暖，帽子、围巾和一双足够应付当地天气的鞋子是必须随身携带并随时穿戴的。另外还有一个妙招就是，一件长的、厚的、带帽子的羽绒衣很实用，脱穿都非常方便，至少可以应付一段时间。

国内大多数机场室内的温度都是恒温的，可以抵达之后再从行李箱里取衣物更换。但是我们难免会遇到如坐摆渡车等需要在室外逗留的情况，一些小城市的机场是需要下飞机后从室外徒步到候机厅的，冷热交替是最容易让人感冒的，特别是孩子和老人。所以，我们在出发前有必要研究一下将要面对的问题，比如目的地的温度、机场的状况等，避免有猝不及防的情况发生。

要美丽，还是要保暖？

在北方干燥的寒冷环境中，其实多加一件厚外套以及配上围巾足矣，至于去更衣室里把保暖内衣和棉裤都穿上，则没有太大的必要。因为从下飞机到坐上车前往酒店，大多数时间都在室内，室内的温度有可能比南方室外的温度还要高。所以，除非一下飞机就要进行长时间的户外活动，否则，只需要加个外套御寒。

很多南方的朋友去北方，会把北方的寒冷想象得无比恐怖，特别是广东人。其实北方的寒冷跟南方的湿冷比起来，冷感弱很多，穿衣服最重要的是挡风，北方的冬天只要没有风，在有太阳的情况下，哪怕是-10℃左右都让人感觉舒适。所以很多人出行的时候往往高估了北方的寒冷，穿衣服的时候把自己套得圆鼓鼓的，其实最适用的衣服反而是能方便脱穿的。

北方的暖气非常足，室内温度往往能达到20℃，如果你穿着非常厚重的保暖内衣，进屋子要脱衣服就会非常困难，所以尽量不要穿得太多，一件过膝的羽绒大衣就能抵御外面的寒冷，里面可以搭配毛衣或平时穿的外套，这样脱起衣服来不会显得过于尴尬。

我曾经因为穿了过厚的保暖内衣而不得不去厕所里把衣服脱下。这种状况会耗费大量的时间和精力，所以在衣服搭配上要讲究巧妙，也就是当你脱下外套的时候，要保证穿在里面的衣服也能够应付相应的场合，而且厚度刚好合适。

二、应对冬季户外如厕的难题

极低的温度，给如厕增加了难度。为了避免发生不必要的健康问题，有些人建议冬季户外旅行最好穿上成人纸尿裤，以免在野外上厕所造成困扰。身上穿得太过臃肿，对于在野外上旱厕的女性来说，更是一种考验。

　　所以有经验的女孩子在生理期时往往会把夜间使用的卫生巾用上，以减少上厕所的次数。但像减少喝水这样的办法，建议少用。北方的冬季空气异常干燥，需要不断补充水分来调节身体的适应能力。所以，即便非常麻烦，也要保证水分的充足摄入。喝热水是身体保持热量的一个方法，热水壶一定不能少，还必须是那种能持续保温的热水壶。如果去到蒙古包这样的场所，还可以适当更换热水壶里的水，保证水的温度。热水壶最好只用来储存水，不要用来装茶水或其他饮品。

　　据我的亲身感受，穿成人纸尿裤的体验不比找厕所舒服，好不容易出来一趟，应该有点不拘小节的精神。只要有遮掩，其实户外如厕也不会那么尴尬，毕竟大家都身在其中，周围的人都心知肚明，能够理解。

 人的脂肪原来这么有用

　　我们都知道，在寒冷的地域，人的脂肪能起到一定的御寒效果。所以经常喊着要减肥的女孩子，只有去到零下三十多摄氏度的地方，才会感受到身体保存适当的脂肪原来这么有用。如果自身脂肪含量不够，也可以通过摄入热量来弥补，所以平时吃素较多的女孩子可以适当改变一下饮食结构，随身携带一些热量较高的食物，比如巧克力、肉干等。放心，寒冷很快会把这些热量给消耗掉，不用担心它们会积累成脂肪留在体内。

三、关于暖宝宝和热水袋的选择

1. 暖宝宝

说到暖宝宝，不可否认，这是一项非常有用的发明，它不但解决了女孩子来例假时肚子受凉的问题，还解决了在寒冷的户外活动的问题。现在国内外有很多暖宝宝的品牌，注意一定要购买有质量保障的，毕竟这是贴身使用的东西，一旦有质量问题，会直接伤害到身体。

暖宝宝要贴于内衣的外侧，一定不能直接贴于肌肤使用，一块暖宝宝能持续发热10个小时左右，但是在-20℃左右的寒冷天气里，人的身体其实已经感受不到暖宝宝的热量。很多喜欢户外拍摄的人都会用暖宝宝来给摄影器材和手机取暖，以防死机，此时更要正确使用，否则会伤及机器，损失惨重。

2. 热水袋

我更建议去北方的女性朋友多带一个热水袋。有很多酒店或民宿可能会出现供暖不足的情况，特别是去到一些交通不便的乡村或是旅游旺季，等到那时候再调换房间是比较困难的。这时候，热水袋会派上很大用场。我们都知道，人只有在温度适宜的环境里才能保证睡眠，热水袋至少能缓解寒冷带来的不适，等人入睡了之后，身体的温度就会自然升高。

我的经验是，热水袋确实是一个非常有助于睡眠的神器，特别是在冬季手脚冰冷的女性,哪怕不是在寒冷的冬季出行,平时也可以带上热水袋以备不时之需。

四、应对冬季时的生理期

目前为止,个人去过的最寒冷的地方应该是冬季的呼伦贝尔。冬季出行看雪,目的地不止东北雪乡一个选择,现在北疆很多地区也在大力宣传冬季游,配套设施也在不断完善,白茫茫的雪原风景已经不再遥远。只是冬季出行往往给女性带来更多的不便,比如洗漱问题、保暖问题以及生理期问题。

我在呼伦贝尔的时候便遇到了这种非常尴尬的问题。呼伦贝尔当时的冬季旅游配套设施尚未完善,草原上的户外供暖设备就只有烧水的炉子,我们随同大队去参加陈旗的冬季那达慕。

那场面当然是非常壮观的,各民族的老百姓盛装参加开幕式。只是就地搭建的帐篷远远不能保证取暖的需求,帐篷里堪比冰窖,哪怕生起了好几个炉子也起不到太大的作用,而对于一个正在经历生理期的女性来说,这简直就是梦魇。保暖不能满足,身体自然不适,再加上这里的厕所都在户外,就更增加了身体的负担。所以户外旅行,特别是在寒冷季节时,最好避开生理期,以免因为劳累和水土不服给自己的身体造成伤害。

个人案例 6

冬游北疆

关于冬季出行的安全注意事项，以我在冬季游阿勒泰作为一个例子。最近几年新疆在大力推广冬季游，特别是北疆的冬季游宣传如火如荼，不输内蒙古和东北地区。但是不管怎样，冬季的北疆依然是旅游淡季，且很多配套设施不够完善，所以在出行之前必须做好充分的准备，不能抱着随遇而安的心态，毕竟那是接近-30℃的严寒地区。

冬季游北疆，我个人认为包车出行的方式是最安全可靠的，但是要找到一个靠谱的包车司机往往不是那么容易。在网络上随意寻找陌生的司机，对于女性出行是完全没有安全保障的，特别是最近几年频频发生的租车案件，让人对包车不寒而栗。

那怎么寻找包车司机呢？如果认识当地的朋友，那最好是找朋友推荐的司机，千万不要随意相信车站附近自我推荐的司机。好的包车司机的口碑往往是口口相传的。

我自己经常使用的途径有两个：一个是通过当地的自驾俱乐部寻找，有俱乐部作为保障会让人放心许多，至少出了事能找到问责的地方；二是向曾经去过的人打听，如果没有朋友去过，那就查看一些攻略网站，人气较高且能把包车司机的电话公布出来的攻略，通常都没问题。

在联系到包车司机或向导之后，要与对方详细沟通自己的需求，如果可以就拟一份合同，这样双方遇到纠纷时才有保障。

虽然北疆的冬季属于旅游淡季，但也要提前几天设定行程，因为一趟北疆自驾游需要3~4天，很多包车司机很难随时空出时间，也有很多司机冬季是停止出车的。

正因为是旅游淡季，有些偏远的地方甚至都没有配套的旅游设施，比如在抵达禾木村的时候，我们就遇到整个村子只剩下一家民宿在营业的情况，而且价格不菲，木屋里的暖气也不给力，以致我们的居住体验没有想象中舒服。

为什么要选择包车而不是自驾呢？因为北疆的路况比较复杂，特别是冬季覆盖着厚厚的大雪，山路行走异常困难，只有有经验、驾驶技术娴熟并且经常来回走同一路线的当地司机，才有把握安全地把整段旅程走完。有经验的司机不但知道路况，而且能预料到各种突发状况，他们知道在中途哪里停留不会耽搁最后的安顿时间，也会在寒冷的半夜定时醒来发动车子，以防发动机被冷冻死机而耽误行程。

有了包车司机，并且设定了行程，那么整段旅程便轻松而自在了。车上的暖气足够，能让玻璃不起雾，车内外温差相当大，所以这时就要适应冷暖之间的转换，把外套围巾等保暖衣物放在能随时拿到的地方，保证身体水分的供给。不要担心寻找厕所，包车的最大便利就是可以让司机随时停车去上厕所。

由于冬季的北疆很多旅馆酒店都停止营业，所以要提前跟包车司机确认有哪些旅馆酒店是在冬季营业的，提前联系好并预订房间，不然在严寒偏僻的山村里找不到住处再回到城市，需要消耗大量的时间和精力。

最后，前往新疆不要孤身一人，最好有男伴一起组团，四个人包车刚刚好，路上互相协作，会给旅行减少很多不必要的麻烦。

第二章

目的地旅行安全攻略

我们都知道入乡随俗，所以在去旅行之前，了解目的地的文化习俗，不仅能丰富自己的知识，也能保证旅途的安全。很多时候，我们可能因为忽略了一些常识性的风俗而让自己在旅途中陷入困境。

以前有很多朋友跟我说，享受旅途中的未知，是旅行最大的乐趣。我想，在说这句话之前，她一定是幸运的。未知的旅行确实充满了诱惑与神秘，但作为一个普通的旅行者，作为一个平凡的人，我们没有必要拿自己的生命去探险。所谓"知彼知己，百战不殆"，与其在旅途中被动接受，不如主动去了解更多情况，在出发之前做足功课。

这些功课，除了交通攻略、住宿和吃饭指南外，还包括目的地的历史、风俗、禁忌。甚至还可以学几句当地的语言，这不但能增加自己在当地人心中的好感，为自己的形象加分，还能时刻给不法分子以提示：我可是了解这里的。

一张地图，是了解一座城市的开始。有些人觉

得看地图就是为了顺利抵达一个地方，不走冤枉路，但是地图的更大的作用在于，它能让你迅速地了解一座城市，了解东西南北、河流山川的分布、景点的分布、餐厅的分布以及重要城区和郊区的分布。一张简单的地图，能让你对这座城市有全方位的把握。

现在获取地图的方式有很多，大多数酒店或客栈在你办理入住的时候都会提供一张简易地图，工作人员会为你标明酒店或客栈的位置以及附近的饮食和景点。这张地图很重要，它能让你熟悉身边的环境，让你在做判断的时候有一个明确的指引。当然，如果你觉得这样的地图太简单，也可以买一张细致到城市各个角落的大型的交通地图。如今很流行电子地图，不用纸质地图也是相对环保的，但电子地图必须下载，否则遇到手机信号不好的时候也很尴尬。而且电子地图有一个弊端，就是无法直观地了解整个城市的面貌，需要不断扩大或缩小地图画面。所以有时候一张纸质地图是很有必要的，特别是在国外。

现在很多资讯平台也会在你抵达的时候切换到当地城市，给你推送附近的相关信息。我们可以提前在这些平台了解相关的内容，做出正确的计划。

 第一节 国内旅行安全

在国内旅行相对轻松，只需要考虑订机票和订酒店这两件比较重要的事情，并且很多人喜欢自驾游，那就更加不受交通时间的限制。所以在国内旅行，只要做好时间安排和行程设计，一般不会有太大的安全问题。

我国幅员辽阔，有数不完的旅游景点，有南部炎热和潮湿的亚热带森林，北部广阔而干旱的沙漠，也有漫长的太平洋海岸线和高高的山脉。除了这些自然美景之外，我们还可以感受各民族的风土人情。而我国也有很多处女地，每个地方的天气环境都不尽相同，南北方的饮食差异也非常大，并且我国还是一个多民族的大国，各个少数民族有很多不同的习俗。所以在选择旅行目的地的时候，要对目的地有一个初步的了解，比如那个地方的大致方位、天气情况、环境以及风俗习惯等，而不至于到达目的地之后一头雾水，不然旅行不但无法丰富自己的经历，还有可能出现很多安全隐患。

一、大城市旅行指南

我国的大城市分布在东西南北，其中北京、上海、广州这三个一线城市最引人注目。女性在一线大城市游走，安全系数

相对较高，不会存在太多安全隐患，毕竟大城市的治安环境都
比较好，像上海和广州，基本就是全年无休的不夜城，去到哪
个旮旯都有人群。

大城市毕竟太大，在旅行上要做一下规划，才不至于像一
只无头苍蝇。

1. 北京

北京是我国首都，也是文化历史名
城，景点分布非常多和广，所以在北京
旅行尽量不要走马观花。不想太奔波，
就选择地铁沿线的市中心位置住下来，
每天规划一两个景点。

北京很大，但交通也拥挤，在安排行程时要考虑交通因
素。如果是自由行，尽量选择乘坐地铁的方式进行游览。

旅行时要掌握城市的特点，在旅行时间的选择上才不会因
为错过美景而造成遗憾。比如，北京的秋天和冬天都非常美，
选择这两个季节前往是最合适的。

北方的空气比较干燥，对女性来说，秋天要做好保湿的措
施，冬天要做好保暖的措施，然后好好感受首都的皇城气息。

2. 上海

被人们称为"魔都"的上海，是我国最大的城市，但上海并
不是旅游城市，所以在这里感受到的商业氛围会更浓郁一些。

相比于北京的传统文化，上海更多的是东西方文化的互相交融，既可以看到外滩的西洋建筑与陆家嘴的摩天大厦交相辉映，也可以看到新天地向人们展示最新的流行元素。

在这里，你可以去南京路和人民广场购物，去城隍庙品尝美食，还可以去衡山路酒吧街感受一下活跃的气氛。现在网络发达，上海的吃喝玩乐有专门的攻略可以随时查看，而且手机也会按个人需求提供各种各样的信息。所以，就算是第一次到上海，大多数人也会在短时间内熟悉这座城市，知道哪个区域的美食最多，要看的景点集中在哪里。如果带孩子去迪士尼游玩，要知道附近的酒店怎么预订，等等。

但很多人到上海旅行并不会只限于上海一座大城市，江南一带可以顺带去的地方实在太多了，多到一个月都走不完。但假期是有限的，如果你做好了计划决定来一场不受时间限制的旅行，那么就以上海为中心，把行程延伸到附近的江南古镇和旅游城市。

上海是游客们选出来的国内最安全的城市之一，经济收入越高、旅游市场越成熟的城市在旅行者心目中越安全。在饮食上，这座大都市基本汇集了全国甚至全球的美食种类，不管你是想尝试当地的味道，还是坚持家乡风味，这里都能满足你的需求，不会存在水土不服的问题。

但上海梅雨季节非常潮湿，有风湿病的人要做好相关的保护措施。

3. 广州

作为美食之都的广州，是中国的南大门。广州的旅行就是吃的旅行。

在很多人的印象里，广州作为改革开放第一批城市之一，曾存在很多安全隐患，比如广州火车站的脏乱差以及大街上抢劫的猖獗，但是广州这几十年来发生的变化也是大家有目共睹的。广州的治安越来越好，公共交通越来越发达，在北京、上海、广州这三座城市里，广州的交通算是比较顺畅和令人舒适的。

在文化上，广州也是一个非常包容的城市，广府文化的接地气和烟火气会让人感到宾至如归。

广州的春季潮湿多雨，夏季炎热，时常会有台风，秋季温度适宜，凉爽多风，好天气可持续到十一二月，最适宜旅行。对于一个美食爱好者来说，广州一年四季都适合旅行，只是美食之旅要量力而行，切忌暴饮暴食。

广州人的礼貌用语极富地方特色，外地人初来乍到听到这些用语，常会一头雾水。粤语中使用频率最高的可能就是"唔该"，意指"谢谢"，有时也当"劳驾""麻烦您"使用。所以在去广州之前，学会几句地道的粤语，对于提升自己的游客形象非常有帮助。

广州周边的城市也非常多，如深圳、香港、

澳门、珠海等，这些城市的风俗习惯和环境跟广州大抵相同，只是出入港澳地区要先办好相关的通行证，香港的一些风俗习惯可能跟内地稍微有些差别。

二、中小城镇旅行指南

北京、上海、广州等大城市以及国内知名的旅游城市，到了节假日总是人山人海，所以很多人更倾向于中小城镇。避开高峰人流地区，相当于避开很多麻烦。而对于大多数旅行者来说，国内大城市基本都已经去过，且大城市的生活已经不能满足他们对假期的向往，更悠闲、更舒适的中小城镇反而会带来不一样的感受，最起码跟平时的生活是有区别的。

在我看来，中小城镇是最适合女性独自旅行的，那里安静又不失偶尔的热闹，并且很多古色古香的县城也多分布在这些中小城镇的郊区。

我国适合旅行的中小城镇非常多，细数起来不会少于100个，对于旅行者来说选择也是非常多的。在中小城镇旅行，费用肯定比大城市低，但热门地点到了旺季也是一房难求，甚至抵达当地的火车票都很难买到，所以要尽早安排。很多小城镇交通辗转，出行之前要做好交通接驳的准备，小地方的火车和汽车班次有可能结束得比较早，自助旅行的女性一定要切记，这个时候宁愿在城市里找酒店过夜，也不要打车前往目的地（避免遇上黑车）。现在高铁路线分布很广，很多适合旅行的小城市都有站点，选择高铁作为交通工具最适合小城市之间的流转。

比较成熟热门的旅游城市，比如大理、丽江、阳朔等地，商业气氛比较浓郁，在这些地方旅行不妨多停留几天，去看看周边的城镇，收获可能更多。

以大理为例，大理古城、双廊、洱海、苍山等地肯定是人头攒动，而洱海周边的小村庄也非常有魅力，且都规划得很好，风景不比网红景点差。所以，我们在做攻略的时候可以先搜索一下周边一个小时内能抵达的地方。像佛教圣地鸡足山，自驾前往不过一个多小时，一天时间便足够，回程的时候还可以到宾川县城品尝一下传说中的越南咖啡。这些行程的安排，都要事先做好功课，比如沿途经过的地方怎么串起来，时间是否够用，在酒店是否能租到车，等等。

旅途中可能有很多店铺已经歇业，或是景点可能提前关门，这些信息可以通过当地相关的资讯平台了解到，现在的导航也有这样的提示功能。

三、民族地区旅行指南

我国有56个民族，散布在全国各地，每个民族都有着自己独特的风俗，所居住的建筑和生活的环境也是不一样的。去民族地区旅行要学会入乡随俗，遵守别人的习俗，对他们的禁忌略知一二不但可以避免麻烦，减少误会，还能保证旅途安全。

1. 藏族

藏族主要分布在西藏和四川。西藏是很多人梦想中的旅游之地，这里居住的大部分是藏民。藏族是一个很有宗教信仰的民族，因此在与宗教相关的事务上有很多的禁忌。

在西藏旅游，到寺院、佛塔、转经亭、烧香台、玛尼堆这些佛家之地参观的时候，请务必记得必须按照顺时针的方向绕行；在参观佛像的时候禁止对佛像指点，正确的做法是五指并拢，掌心向上，以示对佛祖的崇敬；在进入寺院大殿前，必须脱帽；玛尼堆上的石块是不能随意翻动的。参加藏民的喜庆活动必须先献上哈达，哈达是藏民的社交礼仪必备品，是来往最普遍的礼物，据说一条哈达的价值相当于一匹马。送人哈达，能够充分表达自己的敬意。

2. 蒙古族

豪放的蒙古族人民生活在美丽的大草原上，草原也一直吸引着无数的游客。蒙古族人民虽然性情豪放，但他们也有一些风俗禁忌。

蒙古族同胞非常忌讳用碗在水缸中取水；忌讳他人随意触摸宗教的一些物品，比如佛像、法器、经文等；在吃肉的时候必须使用刀，并且在给他人递刀的时候忌讳刀尖对着接刀的人，否则会被视为不礼貌；忌讳从衣、帽、碗、桌、粮袋、锅台、磨台、井口、绳上直接跨过；到牧民家做客，出入蒙古包时，绝不许踩蹬门槛，农区、半牧区的蒙古族人也有此禁忌。在古代，如果有人误踏蒙古可汗宫帐的门槛就会被处死，这种禁忌一直延续到现在。忌讳生人用手摸小孩的头部，蒙古族人认为生人的手不清洁，如果摸小孩的头，会对小孩的健康发育不利。

3. 回族

回族信仰伊斯兰教，是一个对自身行为很克制的民族。

在回族，是不能吃狗肉、驴肉、马肉等和自然死亡的牲畜的，甚至不是阿訇屠宰的牲畜是不能食用的。回族人民还禁止抽烟、喝酒、赌博、放高利贷、崇拜偶像这些行为。

4. 傣族

进傣族寺庙的大殿或上傣家竹楼必须脱鞋，因为傣族的建筑形式跟我们的钢筋水泥不一样，脱鞋可以保持屋内干净，不用经常清洗。在傣家竹楼留宿的时候，头的方向不能对着主人家房门，而要把脚向着主人家房门。

5. 白族

白族女主人向你敬"三道茶"的时候，你必须站起来用双手去接。其实这个习俗在哪个民族都差不多，别人给你敬酒、敬茶或者端饭的时候，都必须用双手去接，这才能体现你对别人的尊重。

6. 苗族

在苗族地区旅游做客时，切记不能夹鸡头吃。客人一般也不能夹鸡杂和鸡腿，鸡杂要敬给老年妇女，鸡腿则是留给小孩的。

了解一个民族的风俗习惯是了解这个民族历史的一面镜子，在出行之前查阅一下相关资料，不但可以免去一些不必要的尴尬，还能增长见识。尤其是去西部地区，很多少数民族的传统习俗依然保留，所以去民族地区旅行务必提前做好功课。

四、农家乐和周边游旅行指南

很多家庭在周末会选择周边游和农家乐，一天时间来回或者留宿一晚，都是非常好的休闲方式。农家乐和周边游虽然简单方便，但也存在着一些问题。

农家乐扎根于农村，设施和环境受到农村发展情况和农民群众自身素质的限制。

农村的卫生状况也不尽如人意，主要表现为：很多饭馆无卫生许可证，厨房设备简陋，污水随处可见，生熟食品和菜肴乱堆乱放，切生熟食品的砧板不分；厕所及院落存在卫生死角，旱厕、潲水缸、猪圈、羊栏等紧临厨房；农家乐帮厨的人大都是农家乐的经营者或从附近请来的农妇、村姑等，没有经过严格的身体检查，无健康证便上岗；食品进货渠道混乱等。

所以在就餐之前最好先观察，对于孩子或肠胃弱的人来说，不是越原生态就越好。

农家乐情况极其特殊，营业时是餐馆，不营业时是农民的住宅，难以得到规范的管理。此外，一些农家乐还兼做小卖部，但出售的酒水也存在不同程度的质量问题。农家乐属于监管盲区，究竟该由哪个部门来监管，目前尚未有定论。由于部分农民群众自身的组织力不高，一些地方形成了单打独干、恶意竞争的不良局面。一些城市周边游中农家乐经营户私自带客人进入景点，给景区的规范管理带来一定的压力，景区与农家乐之间恶性竞争，反而给游客的安全带来了负面影响。

一些欠发达地区的农家乐还存在管理水平落后、服务档次不高、污水垃圾处理不规范以及安全隐患多的问题。一些农家乐为了揽客，安装了秋千、滑梯、跷跷板等游乐设施，但这些设施基本上都存在一些问题，比如有的部件锈蚀，有的连接部位容易滑脱，有的水泥板产生了裂缝等。农家乐没有固定的安保人员，又缺乏一些安全提示性标牌，如果带孩子前来游玩的家长只顾自己玩牌或喝茶，孩子缺乏监管很容易发生事故。一些农家乐还有不拴养的狗、猫等动物，稍有不慎，也容易给孩子带来难以预料的伤害。

现在国家正在加强农村建设，很多知名的民宿和酒店品牌都开始向一些新农村进驻，实现了全方位的管理，在设计上也以人为本。它们充分结合了乡村特色，有效整合了乡村资源。很多喜欢乡村的人都非常热衷这种就近度假的方式，既能跟大自然亲密接触，又安全舒适，但是这样的升级版农家乐价格不菲。

不管怎样，去农村感受原生态的生活，会让自己的身心愉悦，也会给孩子带来无穷乐趣。但也正是因为原生态，长期生活在城市的人们未必能适应那里的生活，卫生不达标造成的食物中毒事件频繁发生，也曾出现孩子被狗或蛇咬伤的事件。所以，短途旅行也要防患于未然，不可掉以轻心。

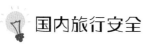 国内旅行安全

Tip 1 交通工具的选择 ▼▼▼▼▼▼▼▼▼▼▼▼▼

高铁。 在国内旅行，个人最推荐高铁。在时间不急促的情况下，高铁具有准点率高、座位舒适、安全性高、价格相对便宜等优点。

出租车。 现在很多旅游城市都开通了高铁站，但往往高铁站离市中心会有一段距离，需要坐出租车前往。而很多高铁站附近会有黑车服务，女生在不赶时间的情况下最好选择公共交通工具前往酒店和市区，如果实在赶时间，就选择女司机的车，并将车牌号发给亲友。

地铁。 大城市的交通发达，可以自备一张交通卡，免去找零钱的烦恼。现在很多公共交通工具都可以通过线上支付购票，但使用的平台会有所不同，要在乘坐之前做好准备。在北京、上海、广州、深圳这样的大城市旅行，坐地铁是最明智的选择。

小电动车或自行车。 如果碰到节假日，以杭州为例，西湖一带的交通基本上是不通畅的，所以不用考虑坐出租车，这个时候可以租一台小电动车或自行车代步，甚至徒步都比坐车更快。

▼▼▼▼▼▼▼▼▼▼▼▼▼▼▼▼▼▼▼▼▼▼▼▼

☆ Tip 2 做好徒步旅行的准备 ▼▼▼▼▼▼▼▼▼▼▼▼▼

徒步旅行是现在国内比较流行的一种旅行方式，但对于初次体验者来说，安全隐患特别多，需要注意以下几点事项。

◎ 出行前应做好充分准备，对目标区域的行走路线、主要标志、求助地点、联络方法等事项有清晰的了解。团队活动开始前要确定成员之间、团队与后方基地之间的联络方法，在陌生地域不可单独行动。携带的饮用水和食粮要适当留有余量，以应对意外情况。

◎ 在不熟悉的地区，徒步尽量安排在白天，避免走夜路。行进中以联络通畅、避免碰撞为原则，相互间保持两三米的安全距离。

◎ 夏季徒步避免在阳光下暴晒，冬季徒步要事先了解目标区域的气温，要特别注意海拔高度和坡向对气温的影响。

◎ 溯溪徒步前应了解上游有无水库及其放水规律以及近日降雨情况，野外扎营不要选在溪沟边或其他地势低洼处。陌生水域不可下水，万一有人溺水，要争取第一时间积极抢救，同时呼叫求援。

◎ 建议女性不要单独徒步旅行，有组织、有团队是徒步旅行的安全保障。

当然，需要注意的不仅是上述几点，在遇到危险时还要沉着冷静，寻找最佳办法进行自救与互救。除此之外，徒步旅行前需购买合适的保险，给自己更全面的保障。

Tip 3 应对高原反应 ▼▼▼▼▼▼▼▼▼▼▼▼▼▼

大部分人初到高原地区，都有或轻或重的高原反应，但很难判断什么人有、什么人没有。高原反应跟个人当时的状态有很大的关系，所以保持良好的心理状态和克服恐惧感，是应对高原反应的良药。

◎ 建议初到高原地区不要快速行走或奔跑，清淡饮食可减轻肠胃负担，适量饮水，注意保暖，少洗澡洗头发以避免受凉感冒和消耗体力。切记不要一开始就吸氧，以免产生不必要的依赖性。

◎ 如果时间充裕，建议海拔上升得不要太急，在海拔3500米左右的地区休息1~3天，适应之后再进入更高海拔的地区，这样可以大大降低高原反应的强度。也就是说，自驾进入高原的方式是可以缓解高原反应的。

◎ 可以提前服用一些应对高原反应的药和缓解高原反应的保健食品，比如景天红花胶囊、奥默携氧片、葡萄糖滴剂等。

一般来说，高原反应会在人到达高原地区后的4~24小时内出现，36小时后基本适应。克服高原反应最重要的是心理素质，一旦出现严重症状，必须去低海拔地区处理并到医院进行救治。

▼▼▼▼▼▼▼▼▼▼▼▼▼▼▼▼▼▼▼▼

个人
案例 **7**

川
西
之
行

川西之行的计划是因为要做一个四川旅行的专
题内容，所以在前期的准备上我做得很充分。我不
是一个冒险主义者，因此旅行之前先做计划是必备
的。我并非第一次前往川西，在这之前也有过多次
进藏的经验。

这次我并没有独自出发，因为川西地区不管是
环境还是文化特性都比较复杂，不太适合女性单独
前往。所以这次我邀请了一位摄影师一同前往。

在旅行方式上，我们选择抵达成都之后租用车
子前往川西地区。川西地域非常广，且经济不太发
达，交通相对没有那么顺畅，自驾是最好的方式。
可以先抵达成都或重庆这样的大城市稍做安顿，再
在当地的租车公司租车自驾，这样就比较有目的
性，不会把时间和精力浪费在长途开车上。

在出行时间的规划上，我们选择了8月，这个
时候暑期旅游的人慢慢减少，但路上还会有一些游
客，这样在发生突发事件的时候还有可能遇见可以
帮忙的旅人。

自驾的车子选择了SUV（运动型多用途汽车），
底盘较高，可以爬坡和越野。川西现在的道路已经

很好走了，有同伴相互换着开车，只要不疲劳驾驶一般不会有问题，所以在选择自驾同伴的时候最好要求对方也会开车，且不能是新手司机。

川西地区很大，很多景区也没办法在路线上全部串联起来，有一些景区我们以前去过，就会在设计路线的时候尽量避开。我们此行的目的主要是前往丹巴、色达、甘孜等地发掘一些人文素材，所以对稻城、九寨沟、米亚罗这些自然风景区就做了适当的取舍，这样在时间安排上就更加自如和从容。再根据要去的地方做一条合适的路线串联，尽量不走回头路，这样就可以计算每天自驾的路程，确定休息的驿站，预订酒店。做好这一切，就可以出发了。

在个人旅行生活上，无论是夏季还是冬季入藏，一定要带一件防风防寒的衣服，藏区日夜温差大，晚上能用得到，且出行前最好不要感冒。

此次川西之行我抵达的海拔最高的地方就是色达五明佛学院，当年去珠穆朗玛峰的时候都没有发生高原反应的我，这次却在海拔4000多米的地方中招了。所以高原反应跟身体的状态有很大的关系，行程劳累、没有休息好也是产生高原反应的因素。幸亏这次高原反应并不是特别严重，只是出现头晕的症状，回到山下就能缓解，但这也提醒了我在旅途中保证睡眠的重要性。

藏区人民基本信仰佛教，出行前要做好相关的功课。我的目的地是寺庙和藏民的生活区，所以了解他们的生活习俗非常重要，特别是去到色达五明佛学院的时候，要保持对他们生活状态的尊重，不要随意拍摄照片，不要抱着好奇的心态去打探学生们的生活环境。

如果不是特别了解当地的一些忌讳，可以跟随其他旅行者学习他们的应对技巧，比如有些寺庙需要脱鞋才能进入，在僧人们看书休息的走廊要轻声细语，可以盘腿坐下观察他们的生活，切记不要拿相机对着他们拍摄。其他一些地区，如甘孜等，也需要注意自己的言行举止，心怀尊重，一般都不会出现太大的误会。

第二节 日韩、东南亚、印度旅行安全

一、日韩旅行安全指南

（一）日本旅行安全

日本是很多中国女性初次尝试自助游的地方，在大多数人眼里，这是一个安全、祥和的国度。一般去日本旅行，大多数人都会认为那里没有太多的安全隐患，只要注意一些风俗禁忌就可以了。特别是在购物方面，假货少、价格便宜是很多人前往日本旅行的主要原因。

日本有良好的旅游口碑，靠的不全是天马行空的"整活"，也靠刻意营造的品质形象。当地业内人士曾说，在日本从事餐饮行业，只要造成4人腹泻就会被终身禁止营业。这样的规定不可谓不严苛。

去日本旅行的安全隐患少归少，但也不是没有。建议去日本旅游购物，还是应该去正规的大商场，不要去冒牌免税店，那里的东西反而更贵。一些日本导游经常会带游客去所谓的"免税店"，有些冒牌免税店并非当地人开的，而是和导游合作，专门针对游客开设的。

想要买化妆品，可以多走走，临街大店要价高，一般在小巷子里的化妆品店销售的东西会更便宜。刷卡的时候，要注意是银联卡还是VISA卡。日本现在很多地方可以用银联卡，在出示卡的时候要让营业员看到银联的标志，然后输入密码。另外，一些二手名牌店，也可能有假名牌货，不要轻信导游介绍的一些店铺，尽量到大型购物商场买东西。毕竟在国外购买昂贵的奢侈品，事后维权更难一些。

此外，日本的礼节和秩序在世界享有盛名和备受赞赏，几乎做任何事情都有礼节。

1. 吃寿司

在日本吃寿司，一定要一口吃掉，千万不要把配料和寿司饭分开吃，这就是寿司设计得那么小的原因。

2. 脱鞋

在日本经常要脱掉鞋子，所以自己穿的袜子一定要注意整洁干净，脱鞋后鞋尖要向外摆放。

3. 泡温泉

（1）日本泡温泉都是男女分池的，要裸泡，千万不要穿着泳衣去泡温泉。

（2）泡温泉的毛巾不能碰到浴池，温泉店给的毛巾不是用来搓背和在浴池内遮羞的，大毛巾是让你在泡完之后擦干全身的，小毛巾是让你包裹头发、擦拭脸上水渍的。

（3）有刺青的人不能在日本公共温泉泡温泉。

（4）温泉店或酒店一般会给客人提供浴衣，方便泡温泉使用。但在穿浴衣时要特别注意，浴衣都是由左向右掩衣襟的，由右向左掩衣襟是人去世的时候的穿法，非常忌讳。

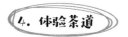

4. 体验茶道

体验茶道时，不要移动茶点，很多旅客在体验茶道时，会为了使照片更有美感而移动茶点的摆放位置，这样做对日本茶道来说，是既不礼貌又不尊重人的举动。

另外，日本和很多亚洲国家一样，没有给tip（小费）的习惯，因为在许多酒店和餐厅的账单之中，已加上了10%~15%的服务费。

（二）韩国旅行安全

虽然韩国和中国一样同属东方之国，文化相似，但国与国之间都有不同的规定、法则。

（1）在韩国使用洗手间时，要将使用后的卫生纸扔进马桶旁边的垃圾桶内，若将卫生纸扔进马桶内，会出现堵塞的情况。

（2）韩国人行道是允许自行车通行的，所以行走在人行道上时，要注意来往的自行车，游客过马路一定要遵守交通指示。

（3）不购买没标示价格的物品，会有被敲诈的可能性。

（4）在韩国乘坐出租车时也要注意防止敲诈，特别是外国游客，所以建议乘坐黑色的模范出租车，虽然价格稍贵，但更保险。并且，注意不要乘坐在出租车前等待客人的司机的车，这样的车会比普通的出租车贵。

（5）行走在夜总会多的街道时，会遇见招呼行人入场的人，这时候一定要注意，在语言不通的情况下，千万不能因为好奇而随其入内。女性在迪吧（即舞厅）等娱乐场所，务必警惕不认识的人送的饮料。

韩国的街道虽然处处有监控，但在首尔这样的大都市也曾发生过不少性暴力事件，这些都要引起独自旅行韩国的女性的警惕。

二、东南亚旅行安全指南

（一）东南亚这片热带天堂真的安全吗

东南亚近年来已成为大家出国旅游的热门地区之一。这里有着热带的自然风光、异域的建筑风格、独特的东南亚文化、奇特的风俗、美丽的海滩和各色小吃，而且消费水平较低，吸引着世界各地的旅游爱好者。

由于地理位置近，物价便宜，因此很多国人出国旅游都会选择东南亚地区。看似安全闲适的东南亚，背后实则隐藏着不少危险因素。

以泰国为例，泰国普通人和旅游业从业者极度缺乏安全意识。比如遍布曼谷街头的三轮突突车，在高速公路上开得比汽车还快，在车流中横冲直撞，交通安全意识差，也没有安全防护措施；游船公司不论是狂风还是暴雨都会坚持出海。2018年7月5日，两艘载有127名中国游客的游船在返回普吉岛途中遭遇特大暴雨，造成40余人死亡，让华夏同胞们心痛不已。而这次事故的原因就有泰国政府的天气预报部门没有及时通知，对灾情的预警没有到位，船上的救援措施也不到位。

东南亚地区的自然灾害频发，是全球最易遭受自然灾害的危险地区之一，地区内有183座活火山，每年地震频繁，许多城市位于或靠近大断层及火山爆发中心。除此之外，东南亚地区的人民面临的天灾还包括山崩、泥石流、海啸等。一旦遇到这种大型的自然灾害，人们面临的就是死亡的威胁。

东南亚许多国家社会治安都不太好，充斥着贩毒、人口贩卖、社会枪杀、强奸等暴力黑暗。泰国曾经被列为全球人口贩卖最猖獗的国家之一，那些被贩卖的人，或被强制奴役，或沦为性奴，其中包括为数众多的雏妓。

当然，每个国家或多或少都存在一定的社会问题，东南亚地区并不是我们想象中的那么安全。出门在外，安全才是最重要的！

（二）怎样选择东南亚度假胜地

东南亚地区气候长期高热潮湿，对老年人及小孩的健康构成重大威胁。因此，最好携带防暑药和血管舒张药，例如藿香正气水、乘晕宁、清凉油、硝酸甘油、速效救心丸等，以便紧急时刻使用。

如需下海，从事冲浪、浮潜等水上活动，请注意携带创可贴、防晒油、消毒酒精等物品。由于东南亚地区日照强烈，防晒油是必需的防护神器，同时物理防晒和化学防晒要双管齐下。

如果是新婚宴尔的小夫妻，建议前往海岛国家，面对一望无际的蓝色海洋和白色沙滩，铭记生命中最美好的瞬间。在蓝天白云的映衬下，站在柔软的沙滩上，面对自己的爱人，是多么难忘的回忆呀！现在很多浪漫的小岛都建有连锁的五星级酒店甚至更高级的度假酒店，给度蜜月的新婚夫妇提供服务。

如果是初次尝试背包出行的女性，建议选择在旅行社里比较热门的海岛，更有安全保障一些。

如果是一家人旅行，那就去马来西亚的槟城、兰卡威、马六甲，新加坡和越南也不错，既可以享受海滩的休闲，又有机会到当地的市镇采购富有当地特色的物品和去小吃街探秘，还有机会去购物中心、Outlets享受一下购物的乐趣。

如果是中学生、大学生或刚毕业进入社会的青年才俊，希望通过海外游学来增长阅历和知识，建议去柬埔寨的吴哥窟、泰国北部的清迈、缅甸的曼德勒、马来西亚的吉隆坡和印尼的雅加达，感受佛教文明和文化，增加自己对世界的认识。

如何预防毒辣的阳光和翻滚的肠胃？

☑ 预防毒辣的阳光

为了防止旅途归来皮肤被晒黑好几度，女性出行东南亚地区一定要做好防晒措施。

防晒霜。建议选防晒指数高的防晒霜，在出汗或者下海的情况下，要重复涂抹。不要相信欧美人那种晒太阳的惬意，毕竟人种不同、基因不同，生长环境也不同，过度的阳光暴晒很可能会伤害我们的身体。

墨镜、太阳帽、晴雨两用伞。物理防晒同样要做好，墨镜、太阳帽是必不可少的，最好还能带上一把晴雨两用伞，如果遇上东南亚的雨季，可以预防每天不定时的下雨。

衣服。要穿吸汗的棉质衣服，如果被汗湿透了，要及时更换，在烈日下行走或乘坐汽车要戴上防晒袖套。

蔬果。多吃黄瓜、西红柿、奇异果等蔬果。

另外，大多数女性身体偏寒，东南亚地区很多城市的商场、餐厅、酒店的空调温度都开得比较低，室内外温差非常大，要在包里准备一件薄外套或者一条围巾以备不时之需。

☑ 预防翻滚的肠胃

东南亚人喜好酸辣口味和油腻热气的食物，且食物制

作方式偏爱煎炸。

马来西亚、新加坡、印尼等地华侨多，所以在食物上

沿袭了中国菜的做法，但像泰国、老挝、缅甸等地在食物

制作上偏爱更多的香料。很多北方人对这些食物不太习

惯，南方人更是觉得热气，所以在东南亚地区旅行，品尝

美食最好"浅尝辄止"，特别是初来乍到时，酸辣和植物

香料会对胃造成一定的刺激。

东南亚地区的冰饮也很流行，因为天气

湿热，人们喝水都喜欢加冰，但对于肠胃不

好的人或处于生理期的女性来说，最好饮用

不加冰的饮料或水，好的身体和轻松的状态才

是快乐旅行的保障。

（三）东南亚地区旅行防骗指南

去泰国、越南，入境时到底要不要给小费？答案当然是拒

绝，但是语气不要太过生硬。虽说出门在外多一事不如少一事，

但我们并不是任人宰割的羔羊。对于这些恶意索取小费的违法行

为，中国驻当地大使馆都有明文规定，旅客要有效维权。

（1）在曼谷大皇宫附近，如果有人给你塞玉米粒喂鸽子，

这时候建议不要接，接了就会跟你漫天要价。

（2）马来西亚有一些不法分子利用摩托车抢夺路边行人的手提包或肩背包，建议尽量不要使用肩带较长的手提包或肩背包。参加海岛游，尤其是潜水等水上项目时，请听从导游的安全提醒，观察有关水域的安全标志，注意救生设备和救生员的位置，切勿到偏远海域游泳。身体不适及有高血压、心脏病等不适宜下海者，切勿冒险。

（3）沙巴东海岸时有绑架事件发生，尽量避免夜间单独出行或前往偏僻海岛及其他人迹罕至的地区。女性外出要结伴而行，经过人迹较少的地下通道、车库或过街天桥时要保持警觉。

（4）越南的骗局很多，乘坐出租车时一定要先跟司机讲好价，如果出租车打表的话，打开谷歌地图以防他绕路；吃饭的时候先问清楚有没有服务费，提前确认你最后支付的价格就是菜单上的价格；记住，不管买什么东西都需要讨价还价，要问清楚用美元还是用越南盾付款。

三、印度旅行安全指南

印度真的是女性旅行的噩梦吗？"印度是旅游的天堂，也是女性的地狱"这句话是美国芝加哥大学的一名女学生在印度留学时对印度的真实评价。

印度频发强奸案，数以千计的妇女深受其害，其中包括相当多在印度的外籍妇女。《印度教徒报》曾报道称，2021年疫情解封后印度强奸案数量共3.2万起[1]。BBC（英国广播公司）曾把印度的强奸案件拍成纪录片《印度的女儿》，引起全世界轰动。新德里是世界著名的"强奸之都"，给它这个不雅的称号，并不是因为我们对印度有偏见，而是由于印度多年来性犯罪屡禁不止，印度几乎每天都在发生各种骇人听闻和难以想象的强奸事件。有专家指出，印度对女性的不尊重和性侵问题，是该地积累已久的陋习。

（1）在旅行服装上，最好穿长裤长袖覆盖身体，并多注意周边状况，不要落单。

（2）若要搭火车通勤，女性选择专属女性的车厢最为安全。

（3）如果非要独行，一定不要告诉别人自己是独自旅行，这将有助于降低受到周围可疑人员攻击的可能性。

（4）尽量避免在别人面前甚至在出租车上查阅地图，提前查询好行程，或者用手机GPS（全球定位系统）确定方向。在他人面前查阅地图，可能会受到他人误导或伤害。

（5）在预订酒店房间，或在需要提交个人详细信息时，一定要假装自己是已婚妇女。

（6）可随身携带胡椒喷雾、瑞士军刀和口哨，这样既可让你在行程中有安全感，也可在需要时派上用场。

---

[1]《最新统计：印度暴力犯罪反弹至疫情前水平》，https://baijiahao.baidu.com/s?id=1742632764876648310&wfr=spider&for=pc，2022年8月31日。

个人案例 8

去了八次的越南

　　我第一次出国旅行的地点便是越南，因为当时广州有个邮轮旅行的推广，需要去做采访。但邮轮旅行多数时间都待在船上，所以轮船抵达会安的时候我只是匆匆去了一趟会安古城，其间停留了不过两小时。那时候的会安古城是十分热门的旅游景点，特别吸引欧美人来此旅居。当时的我对越南这个国度完全没有概念，甚至还没搞清楚会安的具体位置，便在团队的哄闹中结束了这次旅行，只留下一个越南盾面值很大的粗浅印象。

　　但那一次跟着大队人马前往的异域之旅让我与越南产生了缘分，从此一发不可收，有了每年要去一次越南的计划，直到新冠疫情发生，出国旅行暂时停止。

　　我被问得最多的肯定是女性去越南旅行安不安全。事实上这也要分地段，越南北部和越南南部对中国人的友好程度可能会有些偏差，但总体来说他们不会拒绝邻国友人，表现出来的都是友善热情的态度。越南南部的环境会相对好一些，因为曾是法国殖民地，这里保留了很多法国风情，吸引了无数欧美人来这里旅居，在西贡的大街上几乎都是在这里居住和度假的欧美人。也正因为如此，越南的社会环境相对复杂，除了土著，还有来自世界各国的人在这里集中。

我虽然去了八次越南，但没有一次是真正意义上的独自旅行，都是能找到组织的，这一点非常重要。但如果你是自助游的"老油条"，深谙旅行中有可能出现的各种安全问题，并且能顺利解决，越南无疑是很好的去处，因为在很多自助游的攻略里，越南的旅行攻略已经详细得不能再详细了。

在越南，北部、中部和南部都有很成熟的旅行路线，在国内参团或者当地参团都非常方便。若女性选择独自旅行，越南也是一个非常包容的地方，只要在大城市，去正规的酒店和餐馆，基本不会有太多危险。

越南乡村很多，有些乡村并未开放旅游，当地人不太了解旅行者的需求，尽量不要与他们发生冲突，也尽量不要一人前往偏僻的乡村。

越南飞车党很多，在大街上抢劫的比比皆是，要管好自己的相机、手机等贵重物品，越南警察一般不会管这种事情，虽然我并没有在那里遇到过抢劫事件，但我不保证别人就安全，有时候事故的发生跟个人的运气有关系。

越南是个浪漫的国度，但在那里不要随意相信爱情的降临。这里汇集了世界各地的人，其中吸毒的人和患有艾滋病的人不在少数，在旅途中开展一段恋情也不是一个理智成熟的人的行为。

我虽然去了八次越南，但并未在那里结交过特别要好的朋友，认识的大多数是同样来自国内和我一起搭伙坐车同行的人，当然也不排除有人真的遇到了爱情，但概率不会太高。

越南的天气相对湿热，但北部或者中部的山区天气多变，有时候夏天也要穿上外套，而且东南亚地区的雨季集中在夏季。

欧美旅行安全

 一、欧洲国家并不是你想象中的那么安全

世界上危险指数较高的国家，非洲、亚洲的国家位居前排，很多人梦想的浪漫国度——欧洲国家竟然也榜上有名。

在瑞典，你会感觉到自己非常不受欢迎，因为瑞典人是明确的种族主义者，仇外心理在那些不懂经济学的瑞典人身上已经存在了很长时间。虽然中国游客为瑞典的旅游业带来了可观的收入，但仍然是不被瑞典人接受的。

"你为什么要来我们的国家？"在大街上，你很有可能被瑞典人这么询问。根据《瑞典日报》报道，仅在2017年的某一天，瑞典就有四个城市发生了凶杀案，其中有机枪枪击致人死亡的，还有用手榴弹袭击居民楼的。仅2019年，瑞典就发生了257起爆炸案和300余起枪击案。瑞典一个叫林克比的地铁站已经成了毒品交易的中心，那里长期被来自索马里、阿富汗、摩洛哥的难民控制。

比邻我国的俄罗斯是东欧国家，每年都有很多中国学生选择去俄罗斯留学或者游玩，但是俄罗斯每年发生的杀人案高达3万起，破案效率却极低，而且执法人员敲诈勒索外国人的现象随处可见。

意大利是很多年轻人向往的欧洲国家，但吉普赛的小偷据说连几岁的孩子也不放过。

大家都向往过巴黎时装周吧？那么时尚、那么美的一个国家怎么会有危险呢？法国的《查理周刊》表明：暴力恐怖已成为威胁法国乃至整个欧洲的现实。这主要是因为法国宽松的移民政策导致别的地区的大量难民来到法国，使得法国的本土人和穆斯林移民群体的种族矛盾不断加深。

所以欧洲虽然发达，文化发展程度高，但也不是想象中的那么安全，甚至还比不过国内的一些大城市。

二、欧洲旅行防骗指南

许多中国人以为去欧洲发达国家旅游是安全的，"在一个富裕的国家会发生什么坏事？"这些富裕的国家吸引了太多希望在那里开始新生活的人。欧洲男人对独身的女性有极大的兴趣，如果去欧洲旅行，千万不要轻信陌生男人的话。

（1）女性如果被陌生人邀请去某个地方，不应该跟随他们。即使是和男性朋友一起旅行，也可能会被骚扰或遭遇不测，如果她们的男性朋友试图保护她们，会立刻被殴打。

（2）如果要去东欧国家旅行，最好是和一个团体或一些朋友一起。理想的情况是你身边的人能说你们要去的国家的母语。英语是国际语言，所以许多中国人认为所有外国人都会说英语，但在东欧国家，大多数人不会说英语。

（3）尽量远离危险的区域，真正的游览区是没有什么问题的。建议大家尽量不要预订火车站附近的酒店，尤其是女性独自旅行时，因为火车站附近会聚集小偷、流浪汉和难民。

（4）意大利的小偷以女性居多，有些小偷还有枪。那么如何预防小偷呢？

① 公共交通工具上的小偷比较多，小偷基本在你上下车的时候下手，集体作案，多为女性，也有小孩和孕妇，所以千万不要掉以轻心。

② 人多的景点包不离身很重要，吃饭或上洗手间的时候，一定要把包放在自己的视线范围内。

欧洲的骗子有以下几种：

① 查护照的假警察。

② 要跟你拍照片的角斗士。

③ 卖花和绑手绳的小贩。

④ 广场上给你食物喂鸽子的人。

以上这些人尽量不要理会。

（5）在餐厅，买单的时候要看清单据，有些餐厅会随意加东西，如果餐厅没有出具单据，要记得自己曾经点过什么，有些餐厅会收取一定的服务费，这种情况就不用另外给服务员小费了。

（6）在买地铁票、火车票的时候，小心周围主动要帮助你的人，他有可能把机器找给你的零钱拿走。

（7）买东西找零钱的时候要注意，有些小贩会用游戏币代替硬币。

（8）在购物的时候，一些商店会提供没有logo的购物袋，不要拎着奢侈品的袋子在大街上行走，会引起小偷的注意。

三、美国出行安全特别指南

随着美国签证有效期延长至10年，赴美旅行已经变得跟国内旅行一样简单，但是由于两国文化的差异，我们在旅行的过程中会出现在酒店里晾衣服、刷朋友圈刷出高额流量费等问题。

（1）出行前，应提前了解出行地周边的治安情况，少带现金，随身带20~40美元即可，在必要的时候使用。

（2）出行中跟陌生人保持距离是必需的，特别是穿着嘻哈的小年轻和街头流浪汉。

（3）在银行取钱的时候要注意观察周围环境，选择在室内的自动取款机或光线好的地方取款，取好现金后要立即放好，不要在取款机边上或公共场所点钞，如果有人在附近闲逛或取款机灯坏了，考虑下次再来取款。

（4）如果在美国自驾，要充分熟悉当地交通规则，开车门和停车前先观察周围环境，尽量避免将车停在幽暗、人迹稀少的地方。在不熟悉的地方停车时要带走车里所有的物品，不要和可疑人员交谈。

（5）平时出门要将在美国的紧急联系人的联系方式记录好，如果感到有潜在威胁，可寻找最近的电话亭报警，拨打电话时要保持冷静，说清楚自己所在的位置，有助于帮助警察定位并迅速到场。

美国的市中心大多是繁华场所，人员混杂，治安比较混乱，是犯罪率偏高的地带，特别是夜晚容易碰到由于酗酒、吸毒或者其他原因而发生的暴力危险，财物也更容易被盗。

 # 欧美旅行安全

☆ Tip 1 会一点英语真的很重要 ▼▼▼▼▼▼▼▼▼▼▼

有一些旅行家曾经在网上分享过不会英语走遍天下的例子，但这只不过是他们在旅途中想办法解决了问题而已。

不会英语，出国旅行不但有麻烦，还会失去很多乐趣。在全世界，会说英语的人数超过了其他说任何一种语言的人数，有10多个国家的母语是英语，45个国家把英语作为官方语言，目前全世界有1/3的人讲英语。所以，会英语不仅可以去英国、美国等国家，而且在许多国家都可以畅通无阻。如果你一句英语都不会，只是依靠随身携带的翻译软件就梦想着能走遍世界，那一定会在语言使用上有很多无法言说的尴尬和苦恼。而如果你又是个外向的人，无法言说带来的孤独感会伴随着你旅途的始末。

不管怎样，一些日常用语是必须掌握的，比如在出入关的时候跟相关人员的对话。当然，现在有国家在机场出入关处设了中文服务人员，但那毕竟是少数。

除此之外，入住酒店、点餐、问路、景点解说等，无处不用到英语。虽然有翻译软件，但会不会英语，是提升旅行者个人形象的一个标准。想象一下，如果你在国外会说简单的英语，跟别人沟通顺畅，别人对你的好感度是不是会提升？这很有可能会在关键时刻救你一命。最重要的是，如果缺少了交流，只沉溺于自己的感知，那旅行就失去了很多意义。

Tip 2 欧洲"血拼"小技巧 ▼▼▼▼▼▼▼▼▼▼▼▼▼▼

很多女性朋友前往欧洲的目的性非常强，就是去购物。要知道，在欧洲购物有一些小技巧是需要掌握的。

要"血拼"的女性可以选择跟购物团，因为购物团的目的十分明确，那就是"血拼"。欧洲很多商场都有中文导购，比如法国最出名的老佛爷等。另外，欧洲还有许多大型超市也不容错过。一些出名的连锁百货店设置有银联卡接待专柜，折扣促销时最大的字都是用中文写的，各个柜台也基本会配备专门的中文导购，甚至连国外导购也会讲一口不太流利的中文。

在欧洲，很多国家都有不同额度的退税政策，退税额度一般是5%～20%。一些商场配备了专门针对中国游客的退税流程讲解，专门为中国人开设退税绿色通道，方便中国人购物。退税金额不超过1000欧元的话，尽量采取现金退税的方法。要选择大型购物商场购物，大型购物商场的退税制度都是比较完善的。另外，退税单一定要盖章，一定要投递。在海关盖章时，一定要随身携带自己购买的物品以方便退税，海关会随机抽查，确认购买物品与退税单一致才会盖章。如果海关拒绝盖章，那么退税就无法办理了。

☆ Tip3 当你遍地找中餐馆的时候 ▼▼▼▼▼▼▼▼▼▼▼▼

　　在日本和东南亚地区旅行时，身心都会很舒服，玩得好，吃得香，还没有时差，因为那里的饮食习惯跟中国相似。但是去到欧美国家，有人便会对西餐有抵抗的情绪，特别是孩子和老年人。

　　如今华人遍布世界各地，找到中餐馆就餐也很方便，吃一碗米饭确实不是难事。但去过欧洲的人都知道，所谓的中餐馆，其实合口味的没几家，卖的都是改良后的西餐，而且价格非常贵。

　　"中国胃"出行欧美国家就要预订带厨房的公寓，尽量自己做早餐和晚餐。自己动手，丰衣足食，关键是食物健康且合胃口。

🔵 在国外购买中餐食材，有两种途径，一是去华人超市，二是去本地大型超市的亚洲食材区。

🔵 国外公寓没有电饭煲，但可以巧用它提供的奶锅煮饭，在公寓做饭尽量以蒸煮为主，做起来比较方便，也可以随身携带辣酱等调料。

🔵 欧洲人习惯喝纯净水，喝咖啡，没有喝热水的习惯。如果你喜欢喝茶，可以随身带一个简易电热壶。

个人
案例 9

一个人独行纽约

我选择了冬天去纽约，时间定在春节前的半个月里。这是一趟说走就走的旅行，因为那段时间正好办了美国的10年签证，所以想趁着寒假赶紧实现去美国旅行的梦想。也就是说，这是一趟没有什么准备的旅行，而且是一个人独行。

我后来回想这段旅程，心有余悸。毕竟美国是一个移民大国，各色人种齐聚，况且我那时的英语口语也没有那么好，只能做到基本的沟通，是一种一定要去尝试的力量支撑我做了这个决定。

如果我回来后跟朋友说美国旅行非常安全，这是不负责任的，因为很可能我的幸运只是个小概率事件。因为我在这之前有过独行西班牙的经验，所以才会那么大胆地一人前往纽约。

冬日的纽约非常寒冷，有时候大雪会把道路封住，甚至连地铁也无法运行，但也正因为如此，我邂逅了一个美丽的纽约。

酒店是我提前在网站预订的，纽约的街道纵横交错，我选择了时代广场附近的酒店，这样即便一个人住，也没有太大的隐患。但是即便是在如此繁华的区域，晚上也要把门窗关好，并告知服务人员没有得到你的允许不要让任何人前往你的房间。

很多人觉得纽约总是出现在好莱坞电影里，是一座国际化大都市，也是世界上最大的经济中心之一，所以比较安全。那么纽约真的安全吗？美国种族结构复杂，是一个移民大国，有些种族人群受教育程度较低，再加上没有明确禁止枪支的使用，所以违法犯罪行为普遍存在。晚上一个人的时候不要去人多复杂的区域。如果是预订旅馆，法拉盛区域的旅馆要避开，那里的旅馆肯定比市中心便宜不少，但安全指数实在太低了。

我在白天的时候去过法拉盛，这个区域相当于纽约的贫民区，离曼哈顿又远，是脏乱差的典型区。但是白天在法拉盛行走是没问题的，市中心有地铁直达这个区域。

每个国家都有不同的风土民情，去纽约旅游，无论你是自助游还是跟团游，注意不要随意搭讪，一些人吹口哨可能只是想调戏你一下，千万不要去搭理。

美国是一个需要给小费的国家，住宿和餐饮都要给小费，小费一般是你消费金额的15%。给小费的时候要留着小票，方便在任何时候维护自己的消费权益。我就曾在买东西的时候遇到有人回来寻找丢失的小票。

　　在美国退货是很方便的，方便到哪种程度呢？只要有小票，就能退货。不同的地方规定的退货时间不同，有的是30天，有的甚至是90天，只要在退货时间内，都可以退货，所以在美国购物基本没有被欺骗的风险。

第四节 南美洲、非洲旅行安全

一、南美洲旅行安全指南

1. 签证

如今南美洲各国的签证政策越来越便利，免签及有条件免签的国家就有智利、秘鲁、乌拉圭、哥伦比亚、墨西哥（持6个月以上美国签证可免签入境）等，出行前一定要看清签证的有效期是30天还是90天，允许一次入境还是多次入境。

2. 酒店和机票

每年的11月至次年的2月是南美洲的旅游旺季。最近几年去南美洲和南极旅行的人越来越多，酒店和机票资源紧张，在旅游旺季前往一定要提前预订和购买。比如去复活节岛，每天只有一趟航班可以到达，机票尤其紧张，如果2月要去参加复活节岛的鸟人节，可能要提前一年购买机票；旺季期间也要提前购买马丘比丘的门票套票。

南美洲的大多数旅行社会在周日或法定节假日关门，如果需要在当地报团，尽量留够等待的时间。

3. 城市治安

南美洲的很多城市都会有旅游咨询中心，可先去旅游咨询中心了解情况，对安全及不安全的区域做到心中有数。在一些特殊节日，城市的治安会比较差，如圣诞节和新年前后，智利9月11日当天也比较危险。如遇到游行示威或原住民暴力抗议事件，尽量不出门或者绕路。

4. 交通工具

（1）大巴。在交通工具的选择上，最近几年，越来越多的背包客深入探索南美洲，旅行时间会持续1~6个月，甚至更久。所以大巴无疑是最经济便利的交通工具，但大巴也存在一定的安全隐患，比如有些城市不止一个大巴站，购票时要选对地址，小车站只能用现金购票。车站鱼龙混杂，购票时提前准备好零钱，不要来回掏钱包，以免露财。

乘坐大巴时尽量选择班次多的大公司，正规的公司一般会要求提供乘客姓名和证件号。尽量不要乘坐招手上车的大巴，以防在车上被人偷盗，坐车时尽量不睡觉。

如果是女性独自出行，不要坐过夜的大巴。乘坐大巴过境，在边境处办理离境和入境手续需要较长时间，行程安排上要留出足够的时间。

在南美洲国家乘坐公交车，车上没有报站，对于不熟悉当地线路的旅行者来说比较困难，尤其是听不懂西班牙语的旅行者。所以，乘坐公交车时可以打开谷歌地图定位，到站了就下车。公交车上有按钮，下车要提前按按钮提醒司机，否则该站就不停了。在公交车上看手机地图不要太张扬，毕竟公交车上也是很多小偷作案的地方，可以一上车就把要去的地方写在纸上给司机看，让司机提醒你。

（2）出租车。乘坐出租车尽量选择机场的官方出租车，虽然价格会贵一些，但有安全保障，也可以提前预订接机服务。机场一般有通往市区的公共交通工具，自助能力强的旅行者也可以乘坐大巴或地铁，可以省不少钱，但要提前查好路线，换好当地货币。

在南美洲国家乘坐出租车建议用Uber，厄瓜多尔和秘鲁的出租车不打表，需要和司机讲价格，对于线路不熟或者语言不通的游客是很困难的；阿根廷的出租车比Uber要贵很多；智利的出租车不仅贵，还可能有危险，当地华人曾发生过坐出租车被打劫后被扔在高速上的事故。所以，要选评分高的Uber司机，使用Uber前保证手机可以上网。

5. 小费

去南美洲国家旅行要养成给小费的习惯，随身带一些有中国特色的小礼物，必要时可以派上用场，南美人的时间观念不是特别强，所以跟他们交往需要留够时间。

6. 其他

南美洲相对安全的国家是智利、阿根廷和乌拉圭。在城市里旅行，天黑后不要在光线暗的街巷逗留，不要去危险的街区、贫民窟和偏僻的社区。女性晚上要出门的话，最好结伴而行，出门只带必备的东西和一些零钱。

（1）古巴有两种货币，一种给游客用，一种给当地人用，要提前了解两种货币的兑换情况，尽量去当地人的地方用当地币消费。

（2）很多公园和景点不能刷卡购买门票。

（3）相机等电子产品在南美洲的售价很高，万一相机或镜头被偷，可以选择去二手市场购买，然后在离开南美洲前卖掉。另外，相机修理起来很麻烦，修理的时间比较久，且很多地方没有修理点。

（4）在南美洲刷信用卡基本不需要密码，巴西、秘鲁等国家发生过信用卡被盗刷的事件，出国前记得买好信用卡保险。

二、非洲旅行安全指南

叛乱、病毒、狮子、贫民窟……非洲真的有电影里演的那么危险吗？很多人提起非洲旅行，第一个考虑的必定是安全问题。那么去非洲旅行，到底安不安全？肯定有人会告诉你：我去过毛里求斯，那里很安全啊；我去过肯尼亚，那里也很安全啊。也会有人回答你：摩洛哥、埃及跟欧洲差不多，就是小偷多点，治安倒是过得去。

但是，当我们讨论非洲是否安全的时候，更多的是在讨论撒哈拉以南的非洲国家。这些国家的危险主要有四种：一是战乱，在很多非洲国家，已经形成了政府换届、领导人逝世时必战乱的周期律；二是治安，由于政府能力低下，民风彪悍，偷盗、抢劫防不胜防；三是动物，在非洲，电影里狮子追着车跑的情况可能会出现；四是卫生，糟糕的医疗条件让各种在国内几乎灭绝的疾疫仍然在非洲肆虐。

如果按照安全程度把非洲分为几个区域，划分结果大概如下：

（1）非洲中西部，不安全。基础设施落后，疾病多，著名景点不多。

（2）非洲东部，除了索马里，基本安全。东非的肯尼亚、坦桑尼亚、乌干达等国家自然景观极为出色，旅游业发展十分成熟。

（3）非洲北部，相对安全。该地区近年来对中国游客放宽了签证政策，吸引了不少人来旅游。

所以，去非洲旅行，只要选准了地方，哪怕一个人去也不会有大问题。

中国人去非洲旅行，最先去的国家可能就是南非。南非的经济实力在非洲可以说是首屈一指，治安也较好，旅游业成熟，就是办理签证麻烦点。

纳米比亚是南非的邻国，在国内是小众的旅行目的地。

博茨瓦纳与南非和纳米比亚交界，以钻石开采而闻名，是非洲经济最发达的国家之一，也是政局最稳定、治安最好的国家之一。

坦桑尼亚的经济、治安都高于平均水平，属于"可以去，小心点就行"的级别。

肯尼亚的旅游业非常发达，游猎之旅（Safari）已经非常成熟。肯尼亚的治安说不上多好，不过只要下飞机之后直奔野外的游猎营地，基本不会有什么安全问题。

中国人对卢旺达的了解，多半还停留在那场惨绝人寰的大屠杀中，实际上地处东非的卢旺达已经慢慢从大屠杀的阴影中走出来了。在非洲，卢旺达的安全程度可以排在前列，基本不用为人身安全担心。

 非洲旅行安全

 Tip 1 当心传染病
　　——打预防针的必要性

非洲的传染病同世界各地一样，大致分为三类：一是有疫苗可以预防的；二是有药物可以治疗或预防的；三是无疫苗预防也无药可治的。对于有疫苗可以预防的疾病，相信各位前往非洲之前都会做好疫苗接种措施。

🔘 结核病。结核病对大部分国人来说应该不成问题，因为大家从小就接受过免疫接种。其他需要考虑免疫接种的疾病包括甲肝、乙肝、伤寒、百白破、流感和黄热病等。

🔘 黄热病。黄热病的免疫接种在某些国家要求特别严格，没有免疫证明不给入关。对这种疾病，只要提前做好免疫措施，大都没问题。

🔘 艾滋病。艾滋病不是非洲特有的，但是在非洲一些国家艾滋病的感染率较高，除了没有疫苗之外，它的治疗措施对大多数被感染的人来说基本不现实。艾滋病病毒主要通过体液或从皮肤破损处侵入并传染，与艾滋病病人普通接触不会被感染。只要洁身自好，不要被野性的"黑色魅力"迷惑，基本不会感染。

🔘 疟疾。疟疾也不是非洲特有的，但它在非洲的杀伤力却非常可怕，每年死于疟疾的非洲儿童不计其数。

·防护绝招：服用防疟药、使用蚊帐，一旦感染立即治疗。

🔘 丝虫病。国内很多人对此病很陌生，这对短期到访非洲的人来说，问题不大，因为丝虫感染成病有一个积累的过程。

·防护绝招：使用蚊帐、防蚊液、防蚊膏，一旦感染及时治疗。

🔘 血吸虫病。非洲的血吸虫病与中国的不同，大部分非洲地区仍然是血吸虫病处女地，没有防治措施，而且流行地区非常广泛。整个非洲大陆基本是有水的地方就有血吸虫。

·防护绝招：想要游泳就到游泳池，不要下河，如果忍不住去河里游泳了，回国后到国内的血防部门咨询、检查，确定感染要及时治疗。

🔘 蠕虫病。蠕虫病也不是非洲特有的，非洲最主要、广泛存在的蠕虫包括钩虫、蛔虫和鞭虫。非洲大部分地区最大的问题是季节性缺水，由于缺水，东西就不可能被洗得很干净，特别是路边摊上卖的东西，即使是很饿也不要吃。还有一样最不能吃的就是一般餐馆里的蔬菜沙拉，这些食物里面掺杂着一些不受欢迎的虫卵是再正常不过的。

·防护绝招：把好嘴关，只吃熟食（水果除外），只喝瓶装矿泉水，回国后进行驱虫治疗。

Tip 2 怎样才能做到省钱又安全 ▼▼▼▼▼▼▼▼▼▼▼

在非洲，省钱的旅行方式并不一定是危险的，但不能为了省钱而忽略安全问题。

如何平衡好这两点？若旅行者有较好的自助能力，比如可以用流利的外语交流，或者有多国旅行经验，可以选择一些省钱的方式，如乘坐当地的交通工具到达景点等。如果经验欠缺，建议多花一些钱，选择最安全、最保险的旅行方式。

旅行的花费无非几样，吃、住、行和购物。不想花太多的钱，又想好玩和安全，那么就要善于利用时间差，也就是避开旺季。淡季旅游时，交通、住宿和吃饭都有不同的优惠。因此，淡季旅游比旺季旅游在费用上要少支出30%以上。

◎ 提前购票，或同时购往返票，可以获得不少优惠。

◎ 精心规划好玩的地方和所需的时间，尽量把行程排满，避免重复的路线。

◎ 在酒店选择上，可在出游之前打听一下要去的地点，是否有熟人介绍或自己可入住的企事业单位的招待所和办事处，或者熟人所在企业合作的酒店，大部分的企事业单位招待所和办事处都享有本单位的许多"福利"。这种招待所和办事处，价格便宜，安全性也好。在选择旅馆时，要尽可能避免入住汽车或火车站旁边的旅馆，可选择一些交通较方便、处于不太繁华地段的旅馆。如今城市出租车发展快，住远一点也没关系。

◎ 购物莫花冤枉钱。在旅游区尽量少买东西，旅游区一般物价较高，买东西并不合算。值得注意的是，切记莫买贵重的东西。

☆ Tip3 带上一面中国国旗真的有用吗 ▼▼▼▼▼▼▼

非洲的面积是我国国土面积的3倍多，有60多个国家和地区。这么多国家和地区聚集的地方，肯定存在着这样或那样的问题与风险。非洲一般按照地理位置分为北非、东非、西非、中非和南非五个地区。

南非虽然安全，但也不是绝对的，特别是在贫民窟，也有被抢劫的风险。

中非和西非比较乱，例如利比里亚、冈比亚、乍得、刚果（金）、喀麦隆、加纳等，尽量跟随团队出发。如果只是为了欣赏非洲的美景与体验非洲的悠久文化，就尽量不要冒险。去非洲旅行选对国家很重要。另外，要尊重当地人的风俗习惯，入乡随俗，安全问题也没必要放大来考虑。

有些人觉得去非洲旅行，自备一面小的中国国旗，可能会像电影里一样在危险时刻起到保护作用。这样做究竟有没有用呢？电影中的情节虽然有夸大成分，但从侧面反映出中国实力日益强大。

非洲自然环境恶劣，经济发展落后，且长期处于战乱状态，各方势力都想扩大自己的地盘，建立合法政权，而这需要联合国的承认，中国作为联合国安理会常任理事国，有一定发言权。且中非外交关系良好，中国对非洲给予了大量的人才、技术、物资帮助，华人在非洲受到当地人的欢迎。大部分非洲人民还是尊重中国人的，中国人为非洲建设了很多基础设施，比如风力发电设备、铁路、公路、桥梁、安置房等。但受欢迎并不代表安全，部分非洲人知道中国人有钱，会通过各种手段对中国人进行讹诈，在其他国家旅行时遇到的欺骗手段，在非洲也同样会遇到。

所以国旗只是个符号，你只能表明自己是中国人，有坏人想抢劫你，会照抢不误。不管什么时候，出门在外千万不要被电影误导。

个人
案例10

摩洛哥大街上险被夺走相机

我去北非摩洛哥的时候，还没有开通方便的签证，还要前往北京办理签证，且签证费很不便宜。受三毛的影响，我去摩洛哥的主要目的是抵达撒哈拉沙漠。在我们平时看的游记中，大多数作家或者旅行家都会描述当地的美好和人们的善良热情，包括我们在三毛文字里看到的撒哈拉沙漠。但是大多数能回来写游记发表的人，都是幸运的代表。旅行的浪漫要憧憬，但也要学会应对现实中可能会遇到的问题。轻视危机的存在是一些有了生活经验的女性常常发生的情况。

摩洛哥是北非的一个国家，距离中国非常遥远，没有直达的航班，所以如果决定去这么遥远的国度，就要做好长途飞行的准备。也就是说，这样的旅途需要精心做准备，它绝不是简单的休闲度假。

我当时还在多哈转机，单是飞行加上中转就花了接近24个小时，抵达摩洛哥的卡萨布兰卡的时候，整个人已经筋疲力尽。抵达的当天是没有足够的精力继续进行行程满满的活动的，所以这次旅行，我跟朋友选择了自驾的方式，且将时间放宽到半个月。这样我们在抵达目的地城市的时候，就有足够的时间做调整，甚至还有更充裕的时间去了解当地的一些人文风俗。

但是我们还是在卡萨布兰卡的市场遇到了非常严重的安全危机。摩洛哥是一个信仰伊斯兰教的国度，去这样一个有信仰的国家，一定要熟识他们的基本礼仪和风俗。虽然现在大多数国家都非常开放，对外国游客抱着包容的心态，但难免会遇到一些个性极端的当地人。

我是个重度摄影爱好者，所以每到一个地方都会带上自己十几斤重的大相机，我没有考虑到在北非这样一个对个人隐私比较在意的地方，拿出相机拍摄其实是对他们的一种冒犯。当我看见一个粗大汉走过来想要夺走我的相机的时候，我被吓住了，幸好同伴有经验，我们当时还雇了一个会阿拉伯语的当地导游跟随我们，所以才避免了一场误会。接下来的旅程，我开始用卡片机和手机做简单的记录，再也没有带着单反大相机在街头招摇过市。

摩洛哥经济的主要驱动力是旅游业，目前签证的办理也非常容易，这个国家虽根植于非洲，但长达几个世纪的殖民历史给这片土地留下了深厚的欧洲传统，它是欧洲和非洲文化交流的重要汇合点，因此也被称为"欧洲后花园"。所以，虽然在一些小的城镇，一些固有的传统会让当地居民对旅行者抱有抗拒心态，但只要尊重当地的宗教信仰和风俗，这个国家还是比较安全的。

进入撒哈拉地区后，气候会比较奇特，对身体要多加注意，而且撒哈拉地区的住宿并不是那么尽如人意的，好的帐篷酒店的价格可能超过国内五星级酒店，所以在前期要做好路线规划。个人认为和几个朋友自驾前往是不错的选择，再请一个会阿拉伯语的当地司机当导游，可以省去不少的麻烦。

第三章

旅行方式与旅途安全

第一节 独行侠攻略

一、女性单独出行，到底是冒险多还是惊喜多

单独出行，我们到底要怎么做？你永远无法想象在旅途中会发生什么事情，会有惊喜，当然也会有危险。很多时候在旅途中遇到危险的人未必会跟你描述他遇到的危险，也有很多人为了保持对旅行的美好回忆，会选择忽略旅途中遇到的危险。

邂逅未知是独自旅行最大的魅力，不少人都曾幻想过在旅途中有一场爱情奇遇，就像电影《爱在黎明破晓前》一样。但是作为女性，在独自旅行的过程中遇到危险的概率要比男性高很多，毕竟独自出行的女性，是很多坏人选择犯罪对象时考虑的主要人群，而且很多时候，危险不仅仅来自坏人，也可能来自环境和当地的一些风俗。

女性爱美，但在特殊的旅行时期，尽量不要让别人因为你的美貌而生非分之想。别说在旅途中穿性感的裙子很容易引起别人的注意，在某些宗教国家，哪怕只是将自己的皮肤暴露出来都可能会招致危险。外出时可以带上几条围巾当头巾或者披肩，必要时，它不仅能保暖，还能帮助你暂时将自己露出来的身体部位遮一遮，以免招致

不必要的麻烦。并且时刻记住，必要时刻要提醒别人你有男朋友或有亲友在等着你，不要向陌生人暴露自己是一个人旅行。

独自出游真的不需要恪守做人必须诚实的原则，如果察觉到对方不怀好意，装疯卖傻、随便糊弄，或者直接无视都是解决问题的好办法。

近年来，中外女性独自旅行事故都不鲜见。有网站公布了女性旅行安全榜单，里面列举了一些适合女性独自旅行的国家和地区，其中南非被评为世界上最危险的国家，危险主要集中在女性容易遭遇陌生人暴力、女性被谋杀率高等方面。虽然这份榜单不能作为我们出行的标准，但还是具有一定的参考作用。所以在独自旅行目的地的选择上，一定要做好充分的准备，不要盲目去追求惊喜。比如南非，是艾滋病的高发地区，在这里追求艳遇无疑是一颗定时炸弹。

在旅行目的地的选择上，如果你是一个从未独自出行过的女性，先从热门和安全指数较高的旅行目的地开始试水，要看看去过的人的旅游攻略，多看几篇，提取大家都提到的安全问题，并重点关注。把旅行路线做好，尽量不要在短期内不断地更换目的地，不断地乘坐交通工具。最适合独行的方式，其实是在一个地方旅居，住上一段时间，给自己与这个地方充分熟悉的时间。

二、独行侠的人设和姿态

独自旅行只是一种旅行方式，由个人爱好和性格来决定，男性可以，女性当然也可以，只是独自旅行需要积累一定的社会经验和生存经验，做好相应的防范措施，避免陷入因无知而造成的危险当中。独自旅行并不是适合所有的女性，平时习惯于依赖别人、处理问题不够果敢的女性应该慎重选择这种旅行方式。

另外，独自旅行，千万不要抱着占便宜的心态，独自旅行中觉得自己年轻貌美就安然享受旅途中免费搭车、吃饭、同游、泡吧的女性，很容易成为别人的猎物和犯罪对象。

（1）在旅游目的地的选择上，独自旅行的女性应偏向于那些交通便利、发展成熟的地方，比如香港、厦门、杭州、成都、青岛、西安这样的繁华城市，或者乌镇、西塘、丽江这样有成熟旅游设施配套的景区。在这些地方，穿着靓丽，背着小包、挂着单反的女性到处可见。如果选择的是较为偏远落后的目的地，比如相对偏远的西部或者高原地区、交通落后的山村、人烟稀少的山野等，千万别认为越落后的地方人心越淳朴，这种判断是没有根据的，哪里都有坏人。如果要去，建议结伴而行，至少能让坏人知难而退。

（2）女性独行侠的人设要保持低调，过分招摇很容易被别人盯上。独自旅行的女性，安

全才是第一位的。不要为了拍摄美照而穿戴太过暴露，身上挂
满贵重饰物也是招惹坏人的原因之一。建议入乡随俗，穿一些
符合时节的普通衣服，举止低调随和。

（3）不要过于勇敢，旅行不是探险，别拿自己的安全和生
命开玩笑。夜里留在酒店，尽量不外出；购物时别把相机挂在
脖子上；不要随便上陌生人的车；不喝陌生人给的饮料；每天
和家人保持联系；备份好重要文件，时刻保持警惕心。

其实独自旅行并不是什么高难度的事情，也无须刻意去追
求不一样的人设。一个独立且成熟的女性，不管是在平时生活
中抑或独自旅行时，她的价值观和处事能力都能让她自如应对
遇到的问题。

三、一个人的旅行生活

一个人特别是一个女性单独入住酒店，一定要注意以下
几点：

（1）检查房间内是否有针孔摄像头。对于针孔摄像头，很
多人应该都知道，因为其体形小不容易被发现，偷偷安装的人
有可能是酒店的工作人员，也有可能是上一个住客。它通常被
安装在浴室或者是房间里面以进行偷拍。应对的方法是把房间
灯关了，拉上窗帘，在绝对的黑暗下，观察是否有闪光点，睡
前关了灯之后再检查一遍，确保万无一失。另外，还要检查卫
生间的镜子是不是双向镜。

（2）遇到一些无故敲门的人不要轻易开门，必须先问清楚对方的来意，经确认没有问题之后再开门。我的做法是独自出行住酒店绝不允许任何一个人来探访，如有需要，则在白天约在酒店大堂见面。

（3）不管是一个人独居还是一个人在外面住酒店，睡觉之前务必检查房门有没有锁好。如果是住酒店的话，还要记得加上安全栓，以防有些门卡因为设置错乱而导致自己的房间被别人开门进入。如果在比较偏僻的区域，可以在门把手上挂一个水杯，有人进门，会产生动静以警示自己。

旅途中乘车经常会出现安全事故，特别是女性独自搭车的时候。以下介绍几个独自搭车时的规定动作：

（1）准备搭乘顺风车时，可先拍下车牌和司机本人照片上传到网上或发给朋友，同时附上自己上车的时间以及到达的时间，途中还可以向家人或朋友发信息告知自己的位置。

（2）上车后，可以打开手机里的位置共享，现在很多的社交软件都有这种功能，这样能够更加有效地提高自己的人身安全性，朋友和家人也能随时了解你的位置信息。

（3）乘车时，为了提高安全性，尽量坐到司机的后排位置。在后排位置，司机没法过多地去关注你，也就减少了他起邪念的可能。一个人单独乘坐顺风车或打车，千万不能睡觉，如果睡着了，会降低自身的安全性。乘车时，一定要不时地观察行车路线，发现路线不对的话，先询问一下司机，如果感觉情

况不对，可把情况告知朋友或家人，然后让朋友或家人报警，不要慌，冷静地和司机周旋，等待救援。

四、搭讪与面对搭讪

在旅途中，"搭讪"这个词听起来似乎还带点浪漫主义色彩，但是很多时候，搭讪是存在很多安全隐患的，并不是每个人都怀揣着浪漫和善意跟你交往，这里面可能暗藏心机和诡计。

我们常常提到的PUA（Pick-up Artist）本意就是搭讪艺术家，起初是指男生很会搭讪女生的行为，后来演绎成了一种不好的行为，即设计圈套诱导别人落入情感陷阱，从而骗财骗色，套路堪比传销。在旅途中，我们很难界定对方是不是PUA，或者是否设下了骗局，因此要对陌生人保持警惕，这种人在跟你搭讪的时候是有套路的，这种套路让你情不自禁地顺着他设计的思路往下走。我们可以把平日里在生活和职场中积累的识人的经验运用在独自旅行当中，不要因为旅行就放松警惕，每每你放松的时候，正是别人下手的最好机会。

1. 搭讪

排除诈骗的可能性，旅途中的搭讪和闲聊也是一段有趣和浪漫的经历。如何开始一段自然又完美的搭讪呢？我们可以寻找对方身上一个显而易见的优点进行赞美，准备搭讪前试着观察对方身上的特点，并想好大概要怎么把话题接下去，这对搭讪非常有帮助。通过观察细节可以判断出对方的性格、工作背景等，或对周围环境做评价并询问对方的感受，比如评论天气、评论食物等，一定要对事物给予正面的评价，从而赢得对方积极的响应。另外，寻求对方帮助或提供帮助也是搭讪最完美的开始。

2. 面对搭讪

在旅途中面对搭讪，不想搭理或担心搭理之后落入骗局，也是有很多办法应对的。对于有社交恐惧症的人来说，第一个要修炼的就是"健步如飞"的技能，有了这个技能，基本上可以避免50%在路途中不必要的搭讪。记住走得快的同时，还要目视前方。惜字如金是话题的杀手，当搭讪者的问题一个连着一个的时候，千万别多说一个字，要让他产生想继续跟你聊下去好像不太容易的想法。

在乘坐交通工具的时候被搭讪是最令人烦恼的，因为要在狭小的空间里面对别人的喋喋不休，时间还很长。记住倒数第二排靠窗位是一个可以思考的空间，在这个位置就座一般不会有人来打扰。睡觉是一个阻断搭讪最自然的办法，还有就是戴上耳机，自觉亮出"不要烦我听歌"的招牌。

在欧洲或美洲，吃饭的时候也会碰到搭讪，你只要坚持低头玩手机，或假装听不懂对方的语言，一般对方尝试失败后都会放弃。

3000公里的电动汽车独自自驾游

在独自旅行方式的选择上，我个人是很谨慎的。以前有过很多次独自旅行的经验，选择的目的地是单一的城市或者古镇，一般不会选择独自长途旅行。后来买了车之后，我才用自驾的方式尝试了几次独自旅行，但在做计划上考虑到独自出行带来的不便，所以我选择了比较安全的路线。如从杭州到广州，这段路程来回接近3000公里，我准备在半个月内完成。由于时间不紧迫，在路线的设计上就很轻松，只需要考虑方向和兴趣。拿着地图确定了几个想去的地方，再用导航查阅了具体的公里数，这趟自驾之行便开始了。

由于选择的时间并非节假日，我并没有提前预订酒店，后来发现这样做是合理的，因为疫情的因素，需要在途中临时更改目的地。一般我都会在抵达住宿地的最后一个服务区停下来，稍微休息一下然后确定入住的酒店。

此时考虑的因素是，此处是否方便停车，我会看很多酒店评论。因为对于一个女司机来说，停车方便是很重要的，最好酒店前方或者后方就有停车场，这样携带东西才方便，也相对安全。

对于自驾游的人来说，住酒店会有比较大的自由，比如无须将一些用不到的东西搬到房间里，可以选择稍微远离闹市区的酒店。如果在城市旅行停车不便，则选择有地铁覆盖的郊区住宿，这样可以将车子停在酒店里的停车场，然后选择坐地铁的方式游览城市。

女性自驾游最重要的一环其实还是克服在路上的孤独感，一个人开几千公里的路程，很有可能一天都碰不到一个可以说话的人，所以在开车的路途中，一定要保持精力充沛，切不可疲劳驾驶。建议女性独自驾驶优先选择高速路线，以目的地为结果导向，不要去寻找惊喜。在高速路上行驶有一定的保障，哪怕是车坏了或者爆胎了也比较容易找到附近的救援，特别是一个人开车会劳累，高速服务区是缓解疲劳的好去处，安全方便。我的个人习惯是，每隔100公里，会在附近的服务区停下来休息。当然这只是个人习惯，要视每个人的状况而定。我到服务区停下后，在树荫底下喝点水，或者闭上眼睛小憩15分钟，大多数时候是吃饭、上洗手间、买零食。

说到电动汽车自驾，避免不了要在中途充电，这个就更需要经验了。

首先，女性开电动汽车的好处是它的智能化，但这并不代表在高速上用智能驾驶就没有危险。我几乎是不用智能驾驶的，所以在高速上行驶基本会保持全神贯注。现在几乎每个服务区都有充电站，但是充电桩比较少，在节假日出行是否开电动汽车，要慎重考虑。

其次，开电动汽车出行要做好长途充电的规划。在出发之前，必须考虑到车子要在哪些服务区停靠充电，如果服务区没有充电站，那电量是否能支撑到下高速到城市最近的充电站，这都要经过几次实践之后才能摸索出一些经验来。在下高速之前的最后一个服务区，一定要充满电，这样可以预防前往的小城镇或者村落没有充电站。

如果选择一个人出发，就要做好孤单的心理准备，特别是女性，不要因为孤单就随意跟别人搭讪，更加不能随意轻信他人，把陌生人带到自己的车上无疑是引狼入室。善意的释放也要看对象和场合。想要找人说说话，最合适的对象就是入住的民宿的管家和一起充电的车友，当然交谈的前提是"君子之交淡如水"。对于任何人，在对方表现出一些异常行为或对话的时候，保持警惕和质疑都不过分，最重要的是保证自己的安全。

结伴旅行指南

第二节

一、好的旅伴是旅途快乐和安全的关键

有人说选旅伴比选择终身伴侣更难，也有人说结婚之前一定要结伴旅行一次，各种说法都证明了好的旅伴不仅能让自己的旅途不孤单，也是旅途快乐的关键。在朝夕相处之中，最容易看清楚一个人的品行和生活习惯，而品行和生活习惯，正是判断一个人是否能成为旅伴的关键。

结伴旅行，很多人自然会想到在网上约伴，因为大家都有在相同时间内出行的需求。这种方式虽然最容易成行，但安全系数也是最低的，因为对方是一个完全陌生的人，甚至可能是骗子或是拐卖人口的罪犯。所以在决定结伴出游之前，首先要足够了解对方，避免跟陌生人同行，包括同性。其次必须了解旅伴的性格，跟旅伴明确出行的路线和预算，要做好产生矛盾的打算并想好如何处理。结伴同行最好选择闺蜜或者同学，因为彼此都了解对方的脾性和生活习惯，在路上相处会更容易一些，要知道在旅途中发生分歧有可能会毁了一段美好的旅行。

好的旅伴大都具备以下几个条件：

（1）有共同的兴趣点。旅伴的共同兴趣点决定了一趟旅行的游玩趋势，有的人喜欢惊喜刺激的游玩项目，有的人则喜欢舒适悠闲的城市漫步；有的人喜欢地毯式搜寻美食好店，而有的人只想选择一处文艺咖啡馆听歌看书。道不同不相为谋，能一起玩起来才能保证旅途的愉悦。

（2）有相似的花钱习惯。旅行过程中免不了要和钱打交道，如果消费观相差太大，就很可能会因为吃饭、交通、景点门票等各项开销而产生分歧，甚至不欢而散。

（3）拥有一个好心态。旅行途中总会遇上一些未知的事情，如若遇上恶劣天气或者车次晚点的情况，都需要好的心态去面对，如果同行的人一遇到麻烦事就怨声载道，坏情绪就会传染给自己。

（4）有相近的饮食习惯。吃是旅行中必不可少的部分，如果带了个与自己的饮食习惯天差地别的小伙伴，那对一名吃货来说就是毁灭性的"灾难"。

（5）有差不多的作息时间。对于长线旅途来说，睡眠质量直接影响着整个旅途的质量。如果一个人习惯早睡早起，而另一个人是典型的"夜猫子"，时间都凑不到一块，还怎么结伴旅行呢？

二、蜜月旅行安全指南

蜜月旅行，换句话说就是跟最亲密的人结伴同行。很多人却说，最好的旅伴并不是夫妻或者情侣。所以蜜月旅行面临的最大问题，其实是沟通和心灵的契合，以及在一起生活的各种默契的培养。一段浪漫的旅程可以成为二人甜蜜感情的催化剂，而一场糟糕的旅行，往往会将彼此的缺点暴露无遗。和亲密的人去旅行，比跟陌生人出行更加需要顾虑一些细节上的问题，而在享受浪漫假期时，我们往往也会忽略一些常见的安全问题。

在制订旅行计划的时候，很多情侣会考虑在旅行中拍婚纱照，所以选一个有知名度的、口碑好的摄影团队是很关键的。摄影公司会给出一系列成熟的拍摄路线，有些还会把住宿、吃饭等问题一并解决，这样就省掉了很多前期做计划的精力，而且有团队合作，出行的安全系数也相应提高。如果是自己制订出行计划，那最好是伴侣一起参与规划，选择两人都喜欢的目的地，协调彼此的生活习惯。

蜜月旅行往往是彼此最初的结伴旅行，很多地方需要适应，尽量避免像超过20个小时的火车硬座、徒步登山、野地扎营这些比较考验体能的旅行，这些可以等到相互适应对方的习惯之后再进行。

蜜月旅行的关键在于蜜月而不是旅行，所以选择酒店尤其重要。有数据统计显示，旅行中订酒店的多为女性，所以安全问题是首要的，其次才是酒店的特色以及周边环境。安排时间要留有弹性，不要把时间安排得特别紧，蜜月旅行是一场互相了解对方的有目的的旅行，休闲性尤为重要。旅行的时间也不要太长，最好选在婚假的中间。另外，学会妥协是一段完美旅程的基础，照顾对方所需，体恤对方的心情，互相协商调整行程，这一切都是在为以后的和谐生活打基础。

 ### 你知道多少旅行团的猫腻？

随着旅游业的兴起，现在旅行团越来越多，为了能够吸引更多的人报团旅游，旅行团之间明争暗斗，很多旅行团都以低价格来吸引游客。

☑ 价格的猫腻

这种看似赔本的旅行团其实有很多猫腻，而且他们在游客身上赚取的费用并不比一些高消费的旅行团低。很多报过这种低价旅行团的人最后都后悔，一路下来发现自己花的钱远远超出了原来的计划。比如，低价旅行团带你们到你们要去的旅游城市后，名义上说是带着你们去看景点，实际上却是去各种地方购物，且给你们买的门票通常只是门票，很多景点都有需要自费的项目。而且低价旅行团往往会选择红眼航班或廉价航空。

因此，看到那种貌似自己捡了大便宜的旅行团，别再冲动了，一定要咨询详细费用以及包含的项目后再做决定。

☑ **团餐的猫腻**

以每人每餐50元的餐费标准为例，目前以国内的消费水准来说，50元的餐费不算是低标准。大家要注意的是，在旅行的过程中即便旅行团规定的餐费是50元，大家真正能吃到的餐饭也是远远低于50元的。因为一些旅行团会和饭店签署专门的协议，只要旅行团带领客人来这里吃饭，那么饭店就要将一部分的利润返给旅行团。这样的话，饭店就会降低游客的餐费标准来收回自己的成本。一些黑心的导游也会私自从中抽取一部分的回扣。这样一来，50元标准的团餐费被层层克扣，最终游客吃到的餐饭往往只值15元。

☑ **购物店的猫腻**

地接社在接受旅行团时有可能只收成本价，甚至愿意倒贴钱以吸引对价格敏感的游客。低价旅行团为了把风险降到最低，会考虑职业、性别、年龄、地域等因素来组团，导游会利用不同的地域游客潜在的攀比心理，刺激消费。低价旅行团会在招揽游客时声称不会有购物项目，但是这种承诺并不会写入合同，事后一旦出现纠纷，游客很难维权。

低价旅行团会不断降低出行成本，通过最大限度降低餐饮、住宿、交通标准来省钱。旅行团一般会和购物店合作，无论游客是否购物，购物店都会付给旅行团固定的人头费。购物店给旅行团和导游的回扣为旅行团提供了盈利空间。为了诱导游客购物，导游会使出十八般武艺，有些低价旅行团会在行程中增加项目，增加隐性消费，如以求神拜佛、募捐善款等名义让游客掏钱。

虽然参加旅行团是一种有安全保障的旅行方式，但我们也不能在这方面被狠狠"砍一刀"，出行前签署旅行协议的时候，拿放大镜把每一条细节看清楚，最重要的是行程的细节，万一出现状况，有凭有据，可以维护自己作为消费者的权益。

三、亲子旅行安全指南

1. 选择适合亲子旅行的目的地

这非常重要，选对了目的地相当于成功了一半。要兼顾大人和小孩的兴趣，根据具体情况选择适合孩子的，具有趣味性的目的地。比如，年龄太小的孩子一般不太适合游览人文景观。在目的地的选择上不要过于功利，记住带孩子旅游的首要目的是放松身心、开阔眼界，学习教育则放在其次，所以可以考虑动物园、植物园、海滨等目的地。

2. 行李准备要充分

带孩子旅行物质准备必须详细充足，特别是孩子的用品。可以事先列一张清单，然后按图索骥，省得遗漏。如果孩子已经上小学，可以单独为他收拾一个行李箱，由他自己携带和保管。出行要考虑保暖、挡风雨和遮阳等情况，应准备外套以及其他宽松的衣服，还有太阳帽、太阳镜、雨伞等。另外，可以准备一两件孩子喜欢的小玩具，在孩子烦躁或是无聊的时候用于安抚。再准备一些孩子平时爱吃且营养丰富的小零食，关键时刻能起到补充体力和调节情绪的作用。

3. 根据所选交通工具做准备

如果选择自驾游，除了要检查汽车的维修保养状况之外，还要准备好合适的儿童安全座椅，这样可以大大提高孩子乘车的安全性。同时做好路线规划，及时了解行车路程、加油站、休息区等情况。如果是乘坐公共交通工具出行，乘车之前要做好孩子的安全教育。乘坐飞机旅行时，要在飞机起飞前教会大龄孩子采用咀嚼、吞咽、打哈欠等方法，克服飞行中引起的耳鸣现象。如果孩子有晕车、晕船的问题，需提前服用药物，帮助孩子减轻不适感。

4. 准备携带的药物

出发前应该准备一个紧急药包，带好常
用药物，如儿童感冒药、止泻药，以及消毒
酒精、医用纱布等物品。当孩子感到身体不
适，尤其是发烧、腹泻时，应及早通过导游或
当地的熟人找到医院检查或安排卧床休息。

5. 注意饮食安全

旅行过程中要注意饮食卫生，以清淡、健康为原则，避免
孩子误食变质、不洁食物或过量食用冷饮、接触有毒物，更不
要因为新奇而贸然给孩子吃他没吃过的食物，因为小孩肠胃娇
弱，可能无法适应，甚至出现过敏的症状。

6. 注意防寒与防晒

不要在太热的时间出游，小孩在烈日下游玩容易中暑，也
不要选择体力消耗过大的景点，运动过于激烈，小孩的身体会
吃不消，体力透支严重会有生命危险。在低温环境里，儿童极
易失温，汗湿时体温丧失可能增至5倍，所以家长要随时关注孩
子的身体状况，及时增减衣物。

7. 其他

安全是亲子旅行中最重要的，为孩子选择舒适的鞋子，避免长时间连续步行，晚间可以按摩小腿来防止腿抽筋。在登山、戏水、使用游乐设施时，避免孩子跌倒、肌肉拉伤、扭伤、软组织挫伤、溺水、烧烫伤等意外的发生。另外，一定要让孩子牢记父母的名字、联系电话和家庭详细地址，也可以把这些基本信息写在小纸条上让孩子随身带上，万一大人和小孩走失也不会慌乱无助。最后确保孩子不离开自己的视线，在照顾好孩子的同时，也照顾好自己。

个人
案例 **12**

一起去意大利吧

　　去意大利旅行的计划我做了很久，但一直没有找到合适的旅伴，一个人出行欧洲对我来说还是有点压力。我虽然旅行多年，但对于相对陌生的地点还是难免心生胆怯。此次行程最稳妥的做法就是找到一两个能同行的伙伴。要知道，寻找合适的伙伴并不是一件容易的事情。

　　首先，我自己不是那种赶景点的人，去某个地方宁愿多停留一些时间。其次，在饮食上，我个人偏好中餐，对于意大利餐只能"浅尝辄止"，而且我喜欢拍照，可能很多时候为了拍摄而耽误了别人的行程。最后，能一起有假期的人真是少之又少。所以，当我选定一个合适的旅伴时，我决定，干脆自己就做个让步，我来迁就对方的时间。

　　于是这趟为期半个月的意大利中北部之行，终于成行了。确实，一个熟悉的、有着同样生活节奏的伙伴，在一趟旅途中的重要性不言而喻。我们之间有一些互补，比如我的英语沟通能力比较强，负责对外沟通，对方的方向感比较好，在街拍走路时只能依赖他。幸好我们都喜欢拍照，审美比较一致，在这点上没有太大分歧，保证了一路上相处的和谐。这半个月来，我们在寻找中餐馆的路上发生了不少有趣的事情，毕竟我们都是没有中餐就活不下去的人。

意大利这个国度的安全指数算是高的，毕竟是老牌的欧洲国家，文明发展程度相对高一些，但是安全是没有绝对的，欧洲的小偷比国内猖狂，这一点在我之前去西班牙的时候就已经领教过。因此，这次我有了专门的应对方法。首先，不再使用重型的摄像机，毕竟摄像机拿在手上是很惹人注意的，一旦发生冲突也会对自己造成伤害；其次，不往人堆里扎，有几次我们坐船和公车，都发生了有人靠近我们的背包企图偷窃的情况。当然也有人在意大利发生一些意外事件，比如自驾的时候被砸玻璃等。其实危险在任何地方都存在，没有一个地方是绝对安全的。反而是一些小型城市或者城镇，由于人口没有那么复杂，呈现出来的是相对安宁和自在的状态，因为欲望少了，犯罪也就少了。

这次我拟了一份出行意大利的安全锦囊。

◉ 出发前，一定要把证件等资料备份，一旦发生偷窃事件，还能尽快办理临时证件，同样，也要复印留存信用卡的信息，还要保存好各地中国大使馆的电话，能够及时求助。

◉ 出发前，做申根签证的时候是需要办理旅游保险的，可以挑选一些更多保障的保险，以防各种突发事件的发生。

◉ 尽量选择有防盗拉链装置的背包，旅行时不要用手提的包，容易被抢走，当然最大的可能是被偷窃，时刻多一个心眼，避开人群。

◉ 在旅途中稍微收敛平时的一些生活习惯，比如手机随便乱放，打开包包之后不及时拉上拉链，贵重的东西随身放在裤袋里等。

◉ 罗马、佛罗伦萨、米兰这些大城市的偷窃行为很猖獗，在这些地方行走，尽量不要赶趟，自己有轻松自如的时间，才能管好身边的财物，保证人身安全。

第三节 自驾游攻略

一、安全驾驶原则

（1）长途自驾游最好结伴同行，并且是两辆车以上的结伴同行，以便在路上互相照应。

（2）长途行车时，车上如有一个会修车的伙伴，就再好不过了。

（3）驾车的人要身体健康，精力充沛，不要带病驾驶，特别是服用镇静或抗过敏药物后不要驾车。

（4）切勿疲劳驾驶，路途遥远时宜行驶一定路程后即停车休息，或更换驾驶员。

（5）行车中严守交通规则，注意观察路面情况，及早采取措施。根据路面情况调整车速，不要一味追求刺激，高速公路上要特别注意行车速度和保持车距。

（6）行驶中多注意水温及仪表情况，观察油耗，感觉超过平时水平时，应及时查看油路是否漏油。遇到车辆状况不好的情况，也应及时停车检查，不要勉强行驶。

（7）遇堵车时，不要有急躁情绪，很多刮擦都是因为急躁而发生的。

（8）若遇爆胎，不是特别危险的情况不

要猛踩刹车，要把紧方向盘，保持方向。一旦碰上车辆损坏或事故，自己解决不了的可打救援电话请求支援。

（9）出发前一定要对车辆进行一次全面的保养，以确保车辆的所有零部件都正常运行。

二、自驾游要带的安全装备

整套随车工具：这是每辆车都必备的，里面的一些小工具，在车辆出现故障时可以使用，在其他意外发生的时候用处也不小。

绳索类：拖车绳、启动用的搭线等必带物品。出游最好不单独行动，特别是去比较偏僻的地方，汽车一旦抛锚可以用同伴的车拖到维修站。

电器：备用灯泡、保险管、电线等。电线既可以在车辆出现故障时当临时线，又可以在保险丝烧断时，将电线外皮剥去，取出其中的一股铜丝将保险片的两只插脚连接起来临时使用，当然这些只有会修车的人才能做，一般人最好在原地放好警示三脚架等待救援人员的到来。此外，手电筒也必不可少，尽量带大号的手电筒。

油品：机油、齿轮油、刹车油、机油清洗剂等。机油清洗剂主要是针对一些油质较差的油准备的，在车辆加了油质比较差的油后，可以用来清理发动机，对爱车的心脏起到保护作用。

轮胎：备胎、补胎工具和车载气泵、千斤顶等。

其他必备品：纯净水、较厚的木板和破大衣、灭火器等。

三、确定要露营吗

很多人自驾游都是奔着露营去的，现在非常流行露营，但是露营也有很多不安全的因素和不便之处，特别是对于女性来说，不方便指数增加，但是很多人还是很喜欢这种旅行方式。

露营有很多需要注意的问题：

（1）野外露营营地要选择比较靠近水或者离溪流较近的平地，保证选择地周围没有有碎石的山坡，并且排水条件要好，不会出现积水问题，之前出现过的露营突遭洪水的情况要引起露营爱好者的关注。营地的位置还要有足够的阳光照射、明亮干燥，不要选择阴暗潮湿的地方。这样可以有助于晾晒衣物，阳光照射时间长的地方晚间也不会很冷。

（2）选择露营前一定要密切关注天气状况，虽然下雨天露营也别有情趣，但不得不说下雨天只适合在野外喝一杯咖啡。

（3）在营地搭建帐篷的时候，帐篷的出口一定要处于背风的位置。帐篷每个角都要用重物（如较大的石块）压住，然后在四个方位镶上四个铁棍，把帐篷的四个角用绳子和镶在地上的铁棍拴牢，保证帐篷的抗风能力。

（4）在野外露营，夜间要注意安全，可以在帐篷的附近生一堆火，然后把柴灰撒在帐篷的周围，这样可以起到驱虫和驱蚊的作用，火光也可以吓走蛇、老鼠和野兽，这样的话夜里会更安全。

（5）野外露营前要准备好一些药物，如感冒药和一些常用的止血及治疗跌打损伤的药物，以便在有意外发生的时候使用。

（6）野外露营时一定要注意保护自然环境，不要破坏环境，处理好垃圾，有些垃圾可以在生火的时候烧毁，在准备离开的时候要把火熄灭，确保火完全熄灭以后再离开，以免引起火灾。

四、路书，你准备好了吗

所谓路书，就是详细的旅行计划，也可以说是旅行的脚本。好的路书，让你对路况、饮食以及住宿、加油站等所在位置做到心中有数。这样可以让你对所需时间、路途费用有一个估算，还能减少不必要的花费，最大限度地节省时间和燃油。

好的路书要求有每天行程的详细安排，开车的路线（包括途经的地点、里程、道路特点等），最好还有途经的景点风光简介、食宿安排等。

做路书的步骤如下：

第一步：确定去哪里旅游，看哪些景点。先确定要去游览的景区景点，女性如果独自自驾，尽量避免去野外。提前了解自己想去的景区景点现在是否适合旅游。这可以从相关的旅游书籍或网上查询，或者向旅行社和当地旅游部门咨询。同时，了解当地的风光景致、人文风俗和气候特点。

第二步：选择行车路线和休息站点。行车路线的选择要遵循先走高速公路后走国道的原则，可以找详细的交通地图册或上网查找相关资料（在自驾游网站、论坛、搜索引擎中可以找到很多路书攻略）。

第三步：合理安排行车里程。日行车里程，高速公路最好是300～400千米，普通公路最好是200～300千米。合理安排行驶里程可以防止疲劳驾驶，以保持充沛的体力。

如果是电动汽车出行，要避开节假日高峰期，出行前做好充电路线的设计，要留有更多的余地，以防找不到充电站。

五、应对恶劣天气

在驾车游玩的途中有可能遇到天气突变的情况，尤其是在山水风景区，像早上起大雾或突如其来的雷雨天气等情况时有发生，遇上这些情况该怎么办呢？

（1）遇到风沙天气，小型车要特别注意大型货车行驶中产生的侧向风，司机可以小幅度地打方向盘，修正车的前进方向，千万不能大幅度回轮。

（2）起雾时，尽量在普通公路上低速行驶，待浓雾散去后，再上高速公路行驶。如在高速公路上行驶时，浓雾突然来临，应立即将车驶向最近的服务区或停车场暂避，或把车驶向路肩或紧急停车带停下，开启示宽灯、尾灯、雾灯、危险警示灯。

（3）下雪后，驾车起步不宜过猛，在雪地平路要连续点刹，下坡路要快速退低挡，上坡路最好不要停，以防不能起步，如果可以，尽量熟悉路况并由有雪地驾驶经验的司机开车带路。

（4）雨天行车，水深15厘米左右不会对汽车有任何影响，不要加大油门冲水，以免影响制动和电气件进水；亦需控制车速，特别是在高速公路上或路面状况不是很好的积水路段，否则车辆很容易打飘，导致意外发生。还要注意的是，当车辆过完水后，制动系统可能会暂时减弱，刹车的时候距离要加长，因此雨天驾车最好保持更长的安全距离。

（5）在遭遇雷鸣电闪时，不要急急忙忙地下车找地方躲避。因为如果闪电击中汽车，电流会经车身表面传到地面，在汽车内部丝毫感受不到，反而安全。

六、预防驾车综合征

1. 颈肩痛、腰痛

长时间驾车，颈肩部的肌肉会出现酸胀、僵硬等不适症状。另外，如果驾驶员座椅

角度调节不当，腰部窝在座椅里，腰部的肌肉始终处于被动牵拉的状态，不利于局部组织充分休息，就会出现腰痛。在驾车过程中，颈肩部要充分放松。应调整座椅角度，或是在座椅上安放靠垫，使腰椎向前弓起。

2. 下肢静脉血栓

汽车车厢内空间有限，下肢总是处于不活动的状态，血流速度变缓，会导致静脉血栓，尤其当老年人大腿上坐着孩子，或是担负着较重的背包时，更易发生。发生在下肢静脉的血栓一旦脱落，便会随着血液沿着静脉最终抵达肺部血管，从而引发肺栓塞。

因此，老年人应避免长时间乘车，或是在乘车期间做预防下肢静脉血栓操——双腿肌肉绷紧、放松交替，双足部背伸，然后双足向下踩，每一动作均持续2秒，20次为一个周期，每15分钟做一个周期。

3. 胃肠功能失调

长时间乘车，饮食没有规律，很容易出现胃肠功能失调，大多表现为饱胀、腹痛、反酸、嗳气等。也有人喜欢通过吸烟提神，这会致使胃肠道患病的概率大大提高。因此，自驾旅游切忌饮食不规律，一般应多吃纤维素类食物，减少高脂肪饮食。行程中应准备些山楂片、果丹皮和新鲜水果。

4. 精神疲劳

在长时间、长旅程自驾游期间，无论是驾驶员还是乘车者都处于不同程度的紧张状态之中，表现为头晕、视觉疲劳和困倦等症状。这些症状在旅途中也许表现得并不明显，但在旅行结束、返回工作岗位时就会很突出，往往需要休息较长时间才能逐渐恢复。因此，旅行过程中要注意劳逸结合，不要熬夜，每人每天驾车里程不要超过300公里，并尽量减少夜间驾车。驾车时建议带一些能够补充能量的食物。公路旅行很快就会让人疲惫乏味，为了在路上保持精力和警惕，随身携带什锦干果、燕麦棒、巧克力等零食，可以在无法及时找到吃饭点的时候补充体力。

七、自驾游谨防高速上的"碰瓷"

所谓"碰瓷"，是指在道路上以刮碰或追尾方式迫使受害车主停车，以实施敲诈、诈骗或抢劫的违法犯罪行为。各地案例统计表明，高速上被"碰瓷"的受害车辆大多为外地牌照的轿车，因为大多外地牌照车辆都是路过，驾驶人一般急着赶路、怕麻烦，"碰瓷"者正是利用这一心理，屡屡得手。大部分"碰瓷"者都会选择在司机违章驾驶的瞬间进行"碰瓷"，所以避免"碰瓷"讹诈的最好方法就是不要违章驾驶。

辨别"碰瓷"的方法如下：

（1）从犯罪过程来看，"碰瓷"作案车辆通常会尾随跟踪受害车辆一段路程，然后根据受害车主行驶习惯，选择"碰瓷"的方式。作案车辆速度时快时慢，或者频繁更换行车道，有时还会来个紧急刹车，明显不符合正常驾驶习惯。

（2）从犯罪结果来看，"碰瓷"事件通常车损都比较轻微，但是"碰瓷"者往往会索要超过实际车损3~10倍的高额赔偿金，并且不让报警，强迫你"私了"解决。

（3）从犯罪人员组成来看，"碰瓷"团伙通常为3~5人，即除驾驶人外，必然有2~4名乘车人员。在"碰瓷"发生后，"碰瓷"者迅速冲上前，控制受害车辆和人员，采用语言和肢体暴力进行恐吓、敲诈勒索。

如果在高速公路上遇到"碰瓷"，应对方法如下：

（1）司机不要马上停车，最好能加速将车驶到最近的收费站或者服务区，到了收费站或是服务区再检查自己车辆的受损情况。

（2）如果将车停靠在马路边，不要轻易下车，要锁好车辆门窗，记住对方的车牌号、车辆特征及车上的人员情况。

（3）要坚持报警，因为"碰瓷"者利用的是司机遇事故怕麻烦的心理，若司机坚持报警处理，"碰瓷"者往往会因为心虚而溜之大吉。

（4）要收集证据，在车辆发生碰撞，向警察和保险公司报案之后，对现场的情况最好拍照留存记录，不要破坏事故现场。

（5）出门在外，平安最重要。如果遇到"碰瓷"者人数明显超过己方或者"碰瓷"者携带和使用刀具、棍棒等暴力工具，切忌硬碰硬，以保护自己的安全为主，并记住对方车辆的车牌号、颜色及车上人员特征等，以便警方追捕和拦截侦查。

个人
案例 13

我在房车营地听到的那些故事

最近几年房车旅行一直备受关注，我以前的几个同行也改行去经营房车营地。房车旅行火热的背后，是很多人对房车旅行的美好想象。我们在很多网络平台看到了很多房车旅行的真实记录，很多旅行博主对转型做房车博主跃跃欲试。

但真实的房车生活究竟是什么样的呢？真实的房车旅行有痛又有乐，并不是我们看到的那样浪漫，当然也不只是房车博主述说的那般无奈和痛苦。

朋友的房车营地设在郊外，驱车30多公里才能抵达，是荒地改造的，里面停了好几辆从外地开过来的房车，也有几辆是长期停在这里给好奇来参观的朋友展示用的。我刚来就有点感叹这地方不好找，虽然远离城市，很安静，但生活不方便。大多数房车不允许开进市区，从这里进市区办事或者购物需要大费周折。因车体庞大，不太容易进城，必须找房车营地或者停车场停靠，遇到狭窄的道路时还要换道，有些高架桥限高，在行驶中也不得不避开这些路段。如果走偏僻的山路，道路狭窄，充满艰险，由于房车体积大，也有一定的约束，需要考虑行车安全的问题。这是我接触房车首先体会到的一个不便之处。但我很快意识到，房车旅行本来就是要逃离城市的。

很多人都意识到，要享受房车旅行的快乐，就一定要开真正的房车，然后做好吃喝拉撒全部在车上完成的心理准备。所以切记不要把普通的车辆当成房车使用，已经有博主吐槽自己把SUV改装成房车带来的很多不便，降低了原本期待的旅行质量。

房车旅行的优势很明显，房车内不仅有洗漱间、卧室、厨房，还配备了冰箱、智能电视、热水器等，这些小型电器的电力或是来源于车顶的太阳能充电板，或是依靠车辆行驶过程中产生的动力。此外，房车内的发电机也可以为这些电器供电。随着空气的进出，车内温度一定会受到外界影响而变化，室外温度10～20℃时，最适宜居住在房车中。全密闭房车是不安全的，正常的通风可以防止缺氧及有害气体中毒。切记不可堵死房车的通风口，再冷也不行。如果在车上使用气体加热设备，要确保携带足够的灭火器。

女性并不适合开房车，如果夫妻两人一起是可以的。

首先，房车的驾驶执照与一般汽车的驾驶执照不同，且很考究驾驶人的熟练程度。

其次，房车车体庞大，女性独自开车上路遇到问题很难应付，且生活的不便也是很困扰女性的。

最后，涉及安全问题，因为大多数房车旅行的目的地不是大城市，基本都是往西部去，车辆只能停靠在服务区或郊区营地，路上遇见什么事情很难预知。

在朋友的房车营地便有一个从外地开车过来，停留了一段时间的直播卖货的小伙子，开房车是他平时做内容的载体，直播卖货是他收入的来源，可见，对于很多喜欢房车的人来说，这无疑是一种生活方式。

目前我国对房车还没有较完善的支持政策，且房车价格太贵、闲置率太高、油耗太大、住宿不舒服等都是常见的问题，所以在选择房车旅行上，一定要深思熟虑。

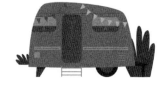

第四节 更安全的旅行方式之旅居攻略

一、旅行爱好者的反思

　　世界的不确定性、社会的不确定性、人生的不确定性……这些年来，人们对于不确定性的理解越来越深刻，特别是三年的新冠疫情，不仅对经济造成了极大的冲击，也给爱好旅行的人带来了打击。旅行是人们休闲放松的一种活动，可以打开眼界，放松心情。突发事件，特别是流行疾病的蔓延和传播，让户外爱好者、旅行爱好者举步维艰。三年的疫情对近年来的旅游业是一次急刹车，众多企业在此次危机中重新审视自我，很多热爱旅行的人，也在这段时间里重新调整了自己对旅行的看法。

　　不管世界如何变化，对于旅行者来说，安全依然是排在第一位的。一位疫情期间从新疆旅行回来的朋友给了我们一些很重要的启示。

　　（1）旅行时间的选择要有弹性。新冠疫情的发生让我们感受到了不确定性，除此之外，因为天灾或者其他突发事件而引起的旅行事故也层出不穷，所以在旅行时间的安排上要有弹性，做好有可能被隔离或者因防疫需要暂缓回程的准备。

　　（2）在旅途中要随时关注新闻，未雨绸缪，不要被既定的行程限制，遇到突发事件可以随时撤退或者改道。如果条件允许，尽量选择不走马观花的路线，把旅行的时间拉长，给自己更多时间充分适应当地的环境和习俗，进行更深层次的旅行体验，遇到突发事件的时候也有更多的时间来应对。

（3）避开大家蜂拥出行的时段，尽量选择不热门的出行地，不信谣言，相信官方的报道，可以在相关的官方网站查询或者电话咨询具体情况。

二、在自己的城市旅行

疫情暴发以来，旅游业面临了前所未有的挑战，经历了最为漫长的复苏，人们愈加在意身边的美丽风景和日常的美好生活。疫情让人们的旅游需求和消费行为发生了很多始料未及却又顺理成章的变化。猝不及防的疫情把生命、健康、家庭、亲情、疾病、死亡这些似乎离日常生活很近又因为忙于工作而无暇顾及的东西拉进了人们的生活，并促使人们开始重新审视生命的价值和旅行的意义。近距离的出行、高频次的休闲、多场景的消费，成为后疫情时代节假日旅游市场的显著特征。

游客的出行距离和目的地游憩半径明显收缩。在出行距离缩短的同时，休闲的频次明显提升，消费场景趋于多元，在自己的城市旅行成了很多家庭或个人节假日出行的首选。城市旅行也让旅行的安全系数明显提高。社区花园、城市绿道、城市公园、郊野公园等一切有风景的地方，图书馆、文化馆、博物馆、美术馆、电影院、音乐厅和戏剧场等文化空间，是现在人们最乐于休闲的区域。在这些地方旅行，只要做好个人防护，不扎堆，基本不会发生危险。但也正是因为安全系数较高，很多有小孩和老人的家庭往往放松了警惕。

三、在别人的城市旅居

在自己的城市旅行，是很多上班族或者家里有孩子在上学的家庭的一种选择。而一些自由职业者或者退休的旅行者，在疫情期间会选择旅居的方式来缓解自己对远方的念想情绪。旅居，简单地说就是在对应的季节去合适的城市短期居住的一种行为，是集旅行、休养、度假、避寒或者避暑等众多概念于一体的一种旅行模式。

旅居最重要的就是居住问题，在目的地选择上每个人都有自己的考量和侧重。在外居住一般有三种选择：购房、租房、入住包吃住公寓。异地购房需要三思而行，投资房产需要非常慎重，如果不是长期居住，建议放弃这个选项，很多中介也会专门利用外地人人生地不熟、信息不对称的情况进行欺骗，或者疯狂炒作后鼓动不知情的外地人来接盘。例如

西双版纳之前流行旅居买房，现在房子大多数被套牢，房价腰斩。选择合适的地段租房是最好的选择，现在很多热门的旅居城市都有短期出租的公寓、民宿，服务和地段都非常不错，很适合短期居住。

要适应旅居的生活方式，心理上需要克服的问题有很多。喜欢旅行的人大多数会追求新的地方带来的新鲜感，旅居就是要克服这种因为新鲜感的丧失而导致的倦怠，用一种过平常生活的态度对待旅居的生活。可能刚开始时很兴奋、很开心，每天出去游山玩水，但是一个月住下来，新鲜感一过就开始想家、想孩子了。然后时间越久，这种想法越强烈，到最后可能会变成一种心理煎熬。了解和熟悉一个陌生的城市，是一个循序渐进的过程，既然选择了旅居的方式，就要放松心态。不得不说，对于很多时间自由的旅行者来说，在疫情期间选择一个地方旅居，既满足了自己对旅行的需求，也配合了抗疫的需要。安于一隅，短暂停留，在安全上也有保障。

四、如何成为一个不吃亏的外地人

经济基础是旅居的关键因素。要想长期在外过旅居生活，就要明白这是一种生活方式，而不是用来谋生的手段或者是一种职业，也就是说，旅居是一种纯消费行为。当然，也有人把旅居定义为一边打工，一边旅游。但不管怎么说，旅居在大多数人的眼里，是一种旅行的方式。

因此，去哪里旅居，准备花多少钱，肯定是一个旅居者首先要考虑的问题。选择一个熟悉并喜欢的地方旅居是成为一个不吃亏的外地人的关键。除了考虑去南方还是去北方，住城市还是住农村，去海边还是去偏远山区等问题外，知己知彼也是很重要的。其中需要了解的大事项包括一年四季的温度情况、海拔高度、交通条件（高铁、飞机等），小事项就比较细致了，比如入住的街道、周边的环境、公共交通、集贸市场、超市等，只有摸清了情况，才能具备成为一个当地人的基本要素，避免因陌生而吃亏。

很多人旅居会选择独居，这也是年轻人的首选，本来旅居就是想暂别一下熟悉的生活环境。但是女性在一个陌生的城市独居，需要具备安全意识。据不完全统计，侵害独居女性人身安全和财产安全的刑事案件主要涉及强奸罪、强制猥亵罪、故意杀人罪、非法侵入住宅罪四类罪名。旅居时应做到以下几点：

（1）选择安全系数高的住处，租房时尽量选择交通便利的街区、人群聚集的生活区。建议选择靠近街道的房子，不要选择深巷里面、位置隐蔽的房子。

（2）建立小型的安保系统，入住后的第一件事是换掉住宅入门的锁芯，换上保密性好的窗帘，装一个防盗网或窗户安全锁，定期检查室内有没有隐蔽的窃听器和针孔摄像头，可常备一些防身工具，最好是轻巧的、不容易伤到自身的工具。

（3）切记不要轻易透露个人信息，外卖、快递尽量选择无接触配送，最好是放置在集中点。扔掉快递盒时，记得先把名字、地址、联系方式涂掉，发在社交平台的照片、音频，记得关掉详细定位。

（4）旅游要有一个好身体，旅居亦然，这已经是老生常谈了。再怎么保护身体也难免欠安，所以平时要关注最近的药店和医院的位置，在药店和医院可以使用医保，全国医保联网，异地报销已经在不少省市试点成功，不久的将来将会覆盖全国。

（5）如果自己有车，还要了解旅居的地方在对待外地车辆上有什么规则，很多大城市会有比较严格的限制，把车开过去就相当于多了一个负担。

总之，旅居的重点在于"居"，要想成为一个不吃亏的外地人，就要在居住的时间里多交一些当地的朋友，多向当地人学习。

个人案例14

我在滇南买了一套房子

我在云南的建水买了一套房子，这绝对是旅居的一个反面教材。事实上，这段旅居生活也给了我很多美好的回忆。

当时我刚好辞职，适逢疫情，决定暂时不做长途的旅行规划，选择换一个地方生活一段时间。于是，我想到了滇南的这座古城。建水是我很多年前去云南旅行的时候去过几次的地方，我对这里有基本的概念，它地处滇南，海拔不高，春夏秋冬温差不会太大，且物产丰富，生活消费水平跟广州、深圳这些大城市比起来简直可以用"很低"来形容，且这里民风淳朴，综合这些因素，我立刻想要到建水旅居一段时间。

当然，对于我选择的旅居方式，我并不推荐。我当时有点想搬到建水长居，所以就决定购买房子。我在离古城不远的一个小区购买了一套三居室的商品房，很快就搬进去了。小县城的生活可想而知，对于一个习惯了在大城市生活的人来说，刚刚搬过去确实感到很兴奋、很好奇。

首先，我觉得在云南生活是自己一直以来梦寐以求的，再加上这座小城在很多地方都吸引着自己，比如古城的老旧传统、充满诱惑的美食以及人们的淳朴。我很快适应了这里的生活，买菜、做饭、泡茶、逛巷子、去周边的小城玩耍。在这里居住基本没有什么安全问题，小县城的治安非常好，而且外来人口非常少。唯一的不适应，就是它的位置相对偏僻，去昆明需要坐高铁才能抵达。

但我还是在房子刚满两年之时，把它卖掉了，重新回到了大城市。

旅居的概念不是长期居住，不管那个地方当初多让你兴奋，它毕竟跟你长期的生活是有分割的。所以旅居就要有旅居的样子，不要头脑发热就买房，租房或住民宿都是旅居很好的选择。一是不用自己操心那么多，长租民宿的话，还有民宿保洁；二是民宿能保证独居女性的基本人身安全。买房子会给自己日后改变主意带来很多麻烦，特别是去一个跟自己以前的生活完全不一样的地区，更不应该有定居的计划，就算有，也可以先尝试旅居一段时间，觉得确实可以，再考虑下一步。